U0142669

教科書裡的瘋狂實驗

漫畫生物

國家圖書館出版品預行編目資料

漫畫生物：教科書裡的瘋狂實驗／任赫作；白
德浚，黃英燦，李富熙繪；鄭怡婷譯. --
三版. -- 臺北市：五南圖書出版股份有限
公司，2022.07
　面；　公分
　ISBN 978-626-317-968-4（平裝）

1.CST: 實驗生物學　2.CST: 漫畫

360.32　　　　　　　　　　111009421

ZC13

教科書裡的瘋狂實驗：
漫畫生物

作　　者 ― 任赫（임혁）

譯　　者 ― 鄭怡婷

繪　　圖 ― 白德浚、黃英燦、李富熙

編輯主編 ― 王正華

責任編輯 ― 金明芬、張維文

美術編輯 ― 林鈺怡

出 版 者 ― 五南圖書出版股份有限公司

發 行 人 ― 楊榮川

總 經 理 ― 楊士清

總 編 輯 ― 楊秀麗

地　　址：106臺北市大安區和平東路二段339號4樓

電　　話：(02)2705-5066　　傳　　真：(02)2706-6100

網　　址：https://www.wunan.com.tw

電子郵件：wunan@wunan.com.tw

劃撥帳號：01068953

戶　　名：五南圖書出版股份有限公司

法律顧問　林勝安律師

出版日期　2011年 9 月初版一刷（共三刷）
　　　　　2017年 6 月二版一刷（共八刷）
　　　　　2022年 7 月三版一刷
　　　　　2024年12月三版四刷

定　　價　新臺幣320元

教科書裡的瘋狂實驗

漫畫生物

文 任赫│圖 白德浚、黃英燦、李富熙│譯 鄭怡婷

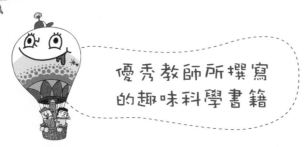

優秀教師所撰寫
的趣味科學書籍

　　執筆於此系列生物篇的任赫老師，不只在促進科學大眾化活動方面投入心力，也是一位指導學生有佳的好老師。我們的研究團隊進行科學教師專門性研究，曾經拜託任老師給予我們觀摩他上課情形的機會。事實上，讓別人觀摩自己上課並不是一件容易的事，所以當初拜託時特別小心，而任老師也很欣快地就答應了我們的請求。

　　任赫老師認為上課時引起學生的興趣跟理解是非常重要的，並且一邊與學生們熱烈互動，同時也注意他們的反應。上課時學生們積極的參與及激烈的討論，不但非常有活力也很有秩序。對於之前在許多科學課裡觀察老師普通知識的我們來說，任老師的講課使我們產生了各式各樣的想法。

　　看著這次老師執筆的新作，同時覺得這本書完整地反映出老師對學生的用心。學生們對新奇的主題有興趣且對於有興趣的問題會主動去解決，可誘發學生們學習的內在動機。但是不論主題有多麼新奇，如果內容超出了學生所能理解的水準之外，學生很難對該主題有持續的興趣。這本書使用了學生所熟悉的漫畫來呈現，讓學生們可以很容易理解問題的狀況，且在各個地方使用了對理解有幫助的圖案來吸引學生的興

趣。除了那些部份之外，在每階段會依據學生理解的程度，提出學生可能會產生困惑的內容。我們認為這是老師利用多年來指導學生的經驗及能力所得來的成果。

事實上，以兒童或青少年為對象的科學漫畫或圖畫書近幾年十分常見。學校裡學的科學遭受既生澀又無趣的批判時有所聞，此書在提高學生的興趣且與學生們親近的方面做出了許多考量。但並非利用漫畫或圖畫來表現，就一定能讓所有學生感到簡單且有趣。再者，即使以活動、圖畫及漫畫等有趣的方式來表現自然現象，能否忠實呈現科學現象、是否確實對學生的理解有幫助也值得疑慮。

然而，這套叢書採用漫畫及圖案編排，並非單純只為引起學生的興趣，或是為了遮掩無趣的內容說明才使用這方式。本書的漫畫及圖案除了當作說明的功用之外還包含其他用途。在每個主題中所呈現的詼諧漫畫，是學生們透過想像力進行實驗或活動的內容，可激發學生好奇心的同時也促使他們提出許多跟特定現象有關的問題。

這套叢書與其他書籍最大的不同，它是以漫畫來刺激學生想像力！還有，在前一

階段提示的疑問，都會盡量讓學生在下個階段的單元裡得到解決。學生們看了瘋狂實驗漫畫單元之後持有疑問，在『老師，我有問題！』單元則有扼要的說明以解答，這裡看到的問題當然不應該是撰文的教師們教條式的問題，而應該真的是『學生的問題』，這一點極其重要。這個部分我認為應該是只有了解學生內心世界的優秀教師，才做得到的吧！

　　接著的下一階段，則是和理論相關的實驗活動用漫畫形式呈現，讓學生們可以試著親手做實驗。在這裡，可以預想前面所學的理論會以何種現象實際出現，透過實驗的操作進行確認，以求理論與實驗互相連繫一起。

　　最後的『背景知識』階段，是說明和主題相關的日常生活中的科學現象，配合學生們的興趣與理解水準，有助於增加學生理解的廣度與深度。

　　如同《教科書裡的瘋狂實驗》這系列叢書的名稱，此書跟在學校裡所學的科學有密切的關係。舉個例子來說，跟教科書相比，這本書除了利用圖片、漫畫、文字等多樣的形式之外，也利用在學校自然科學課中被認為重要且再三強調的實驗活動來與理論相互應。除此之外，也將學校課堂所強調的實驗與理論相結合，而書中多樣化的內

容補充足以滿足學生的好奇心，相信一定能提升學生對科學的興趣及理解程度，衷心向所有學生推薦此套叢書。

——金姬伯（김희백）（首爾大學師範學院生物教育系教授）

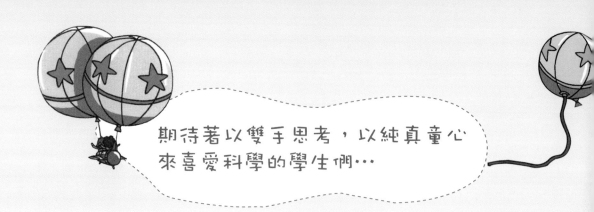

期待著以雙手思考，以純真童心來喜愛科學的學生們⋯

從事多年的教職生活，在心中一隅總有個未知的遺憾及欲望刺激著筆者。而這種感觸在女校裡任教時感受更大。筆者在心中留下的遺憾及欲望是指無法將自己所體認到的科學趣味跟必要性充分地傳達給學生這件事。緊湊的學校課程及為了追趕每年緊迫盯人的考試進度，是筆者的能力無法解決的現實面難題。

但出版社sumbisori讓我得到如降甘霖令人喜悅的提議。而那時就是接到「讓我們一起寫本能讓學生了解科學趣味及本質的書吧！」的提案的那一瞬間。因此將這好消息告訴了「新奇科學教師團體」（신나는 과학을 만드는 사람들）研究會員中，曾一起活動且跟筆者一樣懷有相似夢想的三位老師。他們欣然答應了這件不簡單的事，且為了要做出好書不辭辛勞的努力到最後。朴榮姬（박영희）、梁銀姬（양은희）及崔元鎬（최원호）老師的功勞這書才得以出版。

科學是和人類生活共同誕生的，對人類生活有很大的影響。因為這樣，科學存在著許許多多的故事。例如，學生們愛看的電影或者日常生活，當中也隱藏著科學，若要舉例是多到數不盡的。而本書出版的目的，就是去找出那些隱藏的科學，讓一些不喜歡科學的學生們能夠摒除對科學的偏見，並走進科學。在這套叢書中，有些看似誇張甚至荒唐的實驗，卻是能夠激發想像力的有趣實驗，目的也是要讓學生能對『科

學』引發好奇心。

　　包括筆者在內的四位老師，都是教職經歷豐富的老師。所以在展現學生們喜歡且感興趣的主題時，都很清楚會發生什麼事。『預想』可說是科學的本質，除了預想，還有觀察、解釋，這些過程之中隱藏的真正趣味，應該就是被科學的華麗與神奇吸引而想用眼睛和耳朵去注意的態度吧。所以這套書籍提示了實際的實驗與理論，希望學生們可以嚐到科學本質的滋味。而且也企盼能藉此補充學校教育課程的不足。我們應用了在學校多年教育學生的經驗，讓初次接觸實驗與理論的孩子們能夠看到有趣且容易的科學解說。使得學生們在閱讀這套書籍時，可以輕易就看懂有深度的科學知識。

　　克勞福特・霍奇金（도로시 호지킨 Dorothy Mary Crowfoot Hodgkin）在獲得諾貝爾化學獎之後，接受BBC電視台訪問時，曾說道：「我對自己從來沒有什麼野心，我只是喜歡在這個特定的領域工作。我是沈浸實驗的實驗主義者，是個以雙手思考，以純真的童心來喜愛科學的人。我從未想過會有偉大的發現。」

　　這套叢書亦如霍奇金夫人所言，是希望能讓更多的孩子以雙手思考，以純真的童心來喜愛科學。

　　最後感謝給予這套叢書出版機會的出版社社長，以及即使過了截稿時間也寬容予

以鼓勵的總編輯，感謝兩位。還有，對於漫畫組人員詼諧精采的畫風也致以謝意。最重要的，要感謝三位老師及其家人協助老師們撥冗專心執筆，真心表達我深深的謝意。

──作者代表，任赫（임혁）

夢想當科學家的漫畫家

　　小時候偶爾在學校實驗室裡試做的科學實驗，總是令人感到神奇不已。曾幾何時，我們班男生有超過半數的志願，都說要當『科學家』。想像科學家穿著白袍，在實驗室裡製造拯救地球的機器人，還有出動機器人去打倒惡勢力、維護社會正義與安定，我們當時就是想當這樣的科學家。可是透過教科書學到的科學並不有趣，而漸漸地，我對科學失去了興趣。或許是因為這樣，我才無法成為科學家吧！

　　不知從什麼時候開始，我將科學歸為無趣的東西，雖然有此偏見，但我知道科學並非困難的學問，在我們周遭發生的事物都不難發現科學，如果整理並且發現法則，過程應該會是十分有趣的。所以我們試著將科學的四個科目（物理、化學、生物、地球科學）的主要理論與法則，繪畫出了瘋狂實驗漫畫。因為我們認為，用漫畫畫出來的瘋狂實驗說不定可以引發出真正的科學實驗。

　　我們漫畫製作組人員這次作畫，是用小時候夢想成為科學家的心情，透過瘋狂實驗，畫出了曾經想像過的一些好玩的內容。目的是希望看了我們漫畫的所有讀者能更加接近科學，進而了解科學的樂趣。

　　　　　　　　　　　　　　　　　　　　　　　　　　　　——青江漫畫工作室

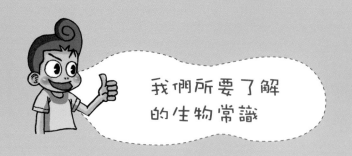

我們所要了解
的生物常識

　　地球上約有140萬種的生物生存著。所以生物的樣貌就如同這數目之多，非常多樣化。科學家將這些數量多且具有各式各樣面貌的生物分成原核生物界、原生生物界、菌界、植物界及動物界。如果我們研究教科書則知道生物分為五種領域，分別為細菌、草履蟲、霉菌與蘑菇、植物及動物，還有與包圍著生物環境的「生態系」此領域。

　　《教科書裡的瘋狂實驗 —— 漫畫生物》對於教科書裡的生物內容透過誇張且詼諧的漫畫來接近讀者。當然並非收入了教科書裡的所有生物內容。動物方面從我們的身體中心探討出去；植物主要探討花、果實及葉子；而細菌跟原生生物因為有點艱深所以暫不探討它的內容。

　　這本書使用的素材幾乎都是我們周圍所常接觸到的東西，只要擁有一些知識跟興趣就可以觀察的到。我們為了想要有趣的呈現所了解的生物世界，因此利用的詼諧的漫畫方式來達到此目的。讀這本書時不要覺得這漫畫很無厘頭而鄙視它，應該想想現實生活中是否真的可行，然後親自去試試看。一邊觀察結果的同時要一邊思考「為什麼會這樣呢？」，而科學則要歸功於人們常問「為什麼？」以及搞清楚事情的真實性下而發展成功的。還有多虧科學及技術的發展而讓大家享受比以前更舒適的生活。

　　英國的生物學家湯瑪斯·赫斯里（Thomas Henry Hexley, 1825~1895）說科學「只不過是仔細推敲且好好編撰出來的常識而已」。沒錯，科學並非只是科學家做出來的東西，也不是只有科學家所必須知道的東西。現今，科學是每個人都需要知道的常識。這本書以「仔細推敲且好好編撰出來的常識」之方式使各位能簡單且有趣地閱讀，而在教科書裡使用的相關生物內容也運用簡單的方式來製作。希望這本書對於開拓所該了解的生物知識方面能夠成為小小的輔助。

生物目次

☆〈瘋狂實驗〉撰文的老師們

物理　梁銀姬老師

畢業於韓國梨花女子大學的科學教育與物理學系，曾經任教於首爾月谷國中與首爾上新國中，擔任科學教師。目前在首爾延曙國中擔任科學教師。在學校致力教導學生思考生活中的科學與前瞻未來，透過實驗來了解科學的原理。著有《和比爾叔叔一起做實驗》(合譯)、科學雜誌《科學少年》的實驗問答單元、《聲音在動》等書。目前為〈新奇科學教師團體〉的研究會員，〈新奇科學教師團體〉是一個為了追求新奇科學、正確科學、全民科學，以科學大眾化與科學教育發展為目的而研究教科教育的教師團體。

生物　任赫老師

畢業於韓國首爾大學的師範學院生物教育科，以及該科研究所畢業，在國中任教18年，擔任科學教師。目前任職於首爾大學的師範學院附屬女子國中。期許能夠教導學生有趣活潑的科學課程，並且努力實現於實際教學。著有《生活中的原理科學—DNA是什麼》、《生活中的原理科學—大腦的重要》、《生活中的原理科學—人體的小宇宙》(Greatbooks出版)，並著有高中生物教科書《生物Ⅰ，Ⅱ》(共同著書)，編著《走向教室的愛因斯坦》(共同編著)、《人體柔和的齒輪》等書。目前為〈新奇科學教師團體〉的研究會員。

地球科學　朴榮姬老師

畢業於韓國首爾大學的地球科學教育學系，在國中任教16年，擔任科學教師。目前任職於首爾大旺國中。一向致力開發科學教育的活化課程，在教育學生時力求所有學生都能有趣且簡單學習科學教育，指導過眾多科學班、科學英才班、發明班、科學社團等活動。目前為〈新奇科學教師團體〉的研究會員。

化學　崔元鎬老師

畢業於韓國首爾大學的師範學院的化學教育科，以及該科研究所碩博士畢業，在高中任教10年，擔任化學教師。目前任職於韓國教育課程評量院，努力使學生學習的科學能再更有趣而且有益。編著《喝甜甜的水》、《混和協調的化合物》、《萬物的圖像—元素》，著有《Who am I?》(共同著書)、《小小烏龜見到的大海》、《熱呼呼的熱移動》以及新世代高中科學教科書《化學》(共同著書)。目前為〈新奇科學教師團體〉的研究會員，特別期望喜愛科學的學生們可以透過科學社團的活動，以熱忱來探求科學的神奇。

★〈瘋狂實驗〉繪圖的老師們

張惠鉉
（장덕현）

鄭喆
（정철）

李兌勳
（이태훈）

羅演慶
（나연경）

姜俊求
（강준구）

物理　張惠鉉老師

2005年畢業於韓國青江文化產業學院的漫畫創作科，之後進到青江漫畫工作室開始從事漫畫的工作。2006年參與製作了天才教育優等生漫畫全科、6年級的科學漫畫、3年級的社會漫畫。此外，於各大媒體發表過許多插畫與繪圖。也在青江漫畫歷史博物館的第五屆企劃展〈漫畫加展〉中發表過數位漫畫，並參與『我們漫畫年代』所主辦的漫畫之日企劃展〈漫畫的發現展〉。曾擔任城南Savezone商場的漫畫教室講師，教授國小、國中、高中生學習漫畫。

生物　鄭喆老師

1998年開始在漫畫雜誌〈OZ〉連載漫畫，成為漫畫家。之後在〈朝鮮日報〉、〈Woongjin熊津Uni-i〉、〈Woongjin熊津思考小子〉等報章雜誌連載漫畫。單行本則有〈eden〉（新漫畫書出版）、〈青兒青兒睜開眼〉（青年史出版）、〈哇啊！漢字畫出了風景畫耶！〉（Booki出版），出版了多種漫畫與童話書。而且也參與製作電影〈鬼來了〉的開場動畫。目前在兒童通識漫畫雜誌〈鯨魚說〉連載『工具的歷史』單元，於青江文化產業學院教授『漫畫演出』的課程。在〈生物篇〉擔任製作監督與代表作家，其他工作人員分別是：白得俊負責架構與畫筆作業，黃永燦負責描圖，李富熙負責著色。

地球科學
李兌勳老師

2006年畢業於韓國青江文化產業學院的漫畫創作科，之後進到青江漫畫工作室開始從事漫畫的工作。2006年參與製作了天才教育的教科書漫畫5年級篇，並且參與〈小星星王子的金融旅行〉的描圖與後半部的作業。2007年於CGWave公司開發肖像產品，進行了李舜臣、張保皐、王建等韓國偉人的肖像繪圖作業。

羅演慶老師

2006年畢業於韓國青江文化產業學院的漫畫創作科，之後進到青江漫畫工作室開始從事漫畫的工作。在Daum主辦的徵畫大展以〈勞動者的口罩〉獲選為佳作，2005年青江漫畫歷史博物館的第五屆企劃展〈漫畫加展〉中發表過數位漫畫，並參與『我們漫畫年代』所主辦的漫畫之日企劃展〈漫畫的發現展〉。2006年參與製作了天才教育的教科書漫畫〈5年級社會〉篇，三成出版社的寫真編輯漫畫〈朱蒙〉擔任繪圖人員。

化學　姜俊求老師

2004年畢業於韓國青江文化產業學院的漫畫創作科，之後進到青江漫畫工作室開始從事漫畫的工作。發表的作品包括〈青少年的科學漫畫〉（bookshill出版）、〈漫畫十二生肖故事〉（geobugi books預計出版）等書，並參與製作了天才教育的教科書漫畫。此外，曾在韓國經濟電視、Science all、一百度C等各媒體發表插畫。

青江漫畫工作室，是由青江文化產業學院的漫畫創作科的教授與畢業生所組成，漫畫企劃與創作的專業工作室。曾經製作過天才教育的教科書漫畫、三成出版社的寫真漫畫、與geobugi books共同企劃的漫畫雜誌書出刊、bookshill出版社的教科書漫畫、遊戲漫畫等，參與過各種繪圖作業，並且企劃與製作各種作品。（詢問：enterani@ck.ac.kr）

☆〈瘋狂實驗〉的小單元

教科書教育課程

標示出該主題所對應的教科書課程，能夠實際輔助學校課業的內容。

瘋狂實驗漫畫

這是假想出來的幽默瘋狂的實驗，可以激發對於該課程的好奇心。

這種假想出來的內容，等於是種觸媒的角色，以觸發兒童或青少年產生好奇心與想像。越是有趣無厘頭，越能觸發想像。所以，且讓我們和孩子們一起激發想像創造實驗吧。

理論

概念整理內心裡的好奇心。

瘋狂漫畫令人引發好奇心之後，心裡頭有了千奇百怪的想法，這時最需要概念整理或透過重要理論來統整，以解答好奇心。科學理論並非死背，而是可令人滿足好奇心的精采內容。

· 筆記超人
將理論由繁入簡，羅列整理，有助於理解理論。

· 這只是常識而已～
日常生活之中看起來理所當然的小事，存在著許多的科學知識。

教學實驗室

理解理論之後,就可以進行教科書實驗,成為實驗家。
在瘋狂實驗漫畫單元雖然就能大略推想出理論,但是透過教科書漫畫,可以更加快速理解該理論,更具體應用理論。

生活中的知識

不像『科學』的有趣背景知識
科學的兩個重點是實驗和理論,用實驗與理論去理解內容,再補充日常生活中存在的大大小小的科學知識,增加科學本身的趣味性。

‧老師,我有問題!
對於該主題的理論,孩子們常會提出各種千奇百怪的疑點,在此單元可以輕鬆得到解答。

‧大家聽我說
藉由介紹科學家來解釋該主題理論的相關說明。

剝奪走人類的鈣與蛋白質的宇宙

我之前一直擔心的東西在現實生活中真的發生了。來，你們仔細瞧瞧。

嗯～

在無重力的宇宙裡，骨頭跟肌肉會變得脆弱。

晃阿晃

晃阿晃

96%

我們身體所吸收的鈣有96%以上會囤積在骨頭裡，

但在無重力的宇宙中鈣不會囤積在骨頭裡反而會往外散發掉。

肌肉的蛋白質也是一樣的道理，據說在2000年去到俄國米勒宇宙停車場回來的人經過一年後肌肉少了整整20%喔！

那麼下一個任務該做什麼呢？

唉呦～

重力：地球上的物體因地球的吸引而受到的力。

我早就料到會這樣了，大夥搭乘我製作的「衝衝衝！重力健身宇宙船」吧！

幹嘛不先做好啊…

鏘！

讓我們一起努力開始運動吧！回到地球上才能依然活蹦亂跳。

哇賽！

怎麼有點像錄音室？

首先先從重力第一階段開始。

嗯？第一階段跟在地球的重力沒兩樣阿？

沒感覺阿

輕鬆

輕鬆

喂！用這個哪行啊？剛開始就要用強一點啊！

閉開！

嗶！

滴滴滴滴

嗚啊啊啊！身體好重啊！

呼呼呼

我站不起來了！

救命啊～！

進入地球大氣層

咻～

咻 咻咻 咻咻

碰 碰 碰！

我來看看啊，還是一樣活蹦亂跳嗎？

踏！

你、你…你們！

嘿 嘿

我們回來了！

天哪！

· 成人擁有206塊骨頭，其中在手、手肘、腳、腳踝的106塊骨頭總和超過了全部骨頭的一半。

· 我們身體裡最大的骨頭——大腿骨占了身高的四分之一；而最小的骨頭－鐙骨是在耳朵裡負責傳達聲音的三個小骨頭（鎚骨、砧骨、鐙骨）中的一個。

· 骨頭的外層由結實的密緻骨組成，而內層的鬆質骨有許多密密麻麻的空洞。鬆質骨裡內含細胞與液體。骨頭中間有叫作骨髓的果膠狀物質，用來造血。

· 骨頭與骨頭之間有關節存在，像是腳後跟的肌肉會橫穿過關節，讓骨頭跟骨頭相互連接，使骨頭可以移動。藉由手臂肌肉的伸縮能使手臂彎曲又再度張開。

· 韌帶是連接骨頭與骨頭的纖維組織。骨頭因肌肉的活動而移動時，韌帶會結實且牢固地抓住骨頭。此時韌帶會形成像帶子或繃帶一樣有如麻繩般堅固。

· 脊椎是由釘子模樣的脊椎骨形成。脊椎骨總共有26塊，其中頸椎7塊，背部12塊，腰椎則有5塊。骶錐的5根骨頭合為1塊骶骨，而尾椎的4塊骨頭也合為1塊尾骨。

· 肋骨纖細且扁平，每根各自形成半圓狀。內側的軟骨帶連接肋骨與胸骨使胸脯柔軟。肋骨後側與脊椎連接，而人類擁有12雙肋骨。

教學實驗室　製作橡膠雞

喂！我們學習成果發表會時要用的東西都準備好了嗎？

那當然！這次話劇表演原始時代部族打鬥時要用的骨頭我可是做好了呢！

瞧

嗯？真的假的？

呦～

放心啦！

彈！

哇賽！那是怎麼做的？

首先把骨頭上的肉通通去除。

拼命塞

把它放入有蓋子的瓶子裡，再倒入食醋。

約覆蓋到骨頭高度，接著把蓋子蓋上拴緊。

過了兩到三天後，換掉舊的倒入新的食醋，再多放置個三天。

+3 DAYS

嘩啦啦

現在可以把骨頭拿出來用清水好好洗乾淨。

這樣就可以做出柔軟有彈性的骨頭囉！

ㄉㄨㄞ　ㄉㄨㄞ

好吧！就相信你了！我們班話劇一定會得第一名的！

哇哈哈哈！

哈　哈　哈　哈

萬一我們身體裡的鈣消失會怎樣？

如果我們身體裡的鈣消失，骨頭會變得軟趴趴的且柔軟度並不會增加，反而骨頭變脆弱後更容易碎掉，這種現象稱作骨質疏鬆症。構成骨頭的鈣與磷酸鹽稱作氫氧化磷灰石〔（$Ca_3(PO_4)_2 \cdot Ca(OH)_2$）〕或是氫氧根磷灰石，是由相當穩定、不融化且又複雜的狀態來構成，而人體99%的鈣與人體99%的磷酸都存於此處。

鈣離子除了是骨頭構成的成份，也是在血液凝固、肌肉收縮、心臟律動、神經刺激的傳導方面不可或缺的物質，所以隨著身體的狀況，曾存在於骨頭的鈣有時會流入血液融合（這稱作「破骨」），又或是再次從血液流回骨頭儲存起來（這稱作「造骨」）。

破骨與造骨是經過複雜的生理作用而發生的，因此據說喝食醋可以減少骨頭裡的鈣流失。

小孩子的骨頭愈折愈堅固？

小孩子玩到一半從高處掉落骨折的話，身旁大人們常安慰說：「骨頭折斷一次後會變得更粗壯更硬梆梆。」難道真的是那樣嗎？

事實上，骨頭折斷後接合起來，在一定期間裡的確會變得粗壯，但這種現象只是一時的。骨頭折斷的話，骨頭的形成細胞——造骨細胞會覆蓋住斷掉的部位。造骨細胞覆蓋住斷掉的骨頭後會變得堅硬漸而取代骨頭。這時用X光觀察骨頭的話，比起斷掉之前可以看見骨頭正在變硬。但是，完全變成骨頭後會留下一些痕跡，因為最後會回復到跟斷掉之前一樣的粗細，所以看不出差別。只是小孩子造骨細胞的活動比起大人來得活躍，治療期間相對的會較短暫。還有骨頭即使在有點扭曲的狀態時附著，仍會依據自己的能力再生，其恢復力相當卓越。小孩子在非完整發育狀態的情況下關節部位被折斷時，此時生長盤會被損傷到，所以有檢查的必要。因為如果生長盤有異常的話，骨頭無法正常的生長，以後長大可能會變矮。

安德烈・維薩里（Andreas Vesalius, 1514~1564）

我們都知道李奧納多・達文西（Leonardo da Vinci）擅長畫人體解剖圖。據說他在生前曾解剖過30多具屍體，與其說他對醫學有興趣不如說是他本身對科學以及藝術有興趣。身為比利時的解剖學家兼近代解剖學的創始者——維薩里，不同於達文西的是他致力於研究解剖學，且在1543年出版了《人體的構造》此本書。這本書以人體多樣的解剖圖以及骨骼、肌肉、靜脈、動脈、神經、臟器、性器官、腦來說明，從今日的觀點來看雖然有謬誤之處，但以當時時代背景來說仍算是驚為天人之作。維薩里的新解剖學中指出加萊諾絲（Claudios Galenos）學說的錯誤並加以改正，在這同時醫學取得了新的發展且擔任了重要角色。

這只是常識而已～

骨質疏鬆症，給我讓開！

我們必需透過均衡的飲食，來充分地維持血液中的鈣離子濃度以防止破骨現象的發生。因此多喝高鈣的牛乳或多吃小魚乾之類的食物對身體是好的，配合適當的運動也可預防骨質疏鬆症。

吸吸　　哇哇哇

2. 呼吸器官

我們身體的樣貌
呼吸與排泄

氣壓，把恐怖分子抓起來吧！

機艙內的乘客您好，現在即將抵達的是仁川國際機場。

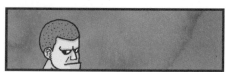

全部給我趴下！

天哪～

啊～

瞪！

驚

驚

要是給我發現任何人行跡詭異我就馬上送他去上天堂！

聽懂了沒！

碰

碰

馬上去跟總統說，現在立刻準備500億。不按照我的指示做，這飛機就會撞上大廈！

乖乖，別擔心！

別哭

哇哇

嗚 嗚 嗚 嗚

那小孩還不給我安靜點！

完了，怎麼辦才好…

喂！機長！總統那邊還沒有消息嗎？

阿？對…

聽好！

還不趕快給我提高飛機高度！

現在如果提升高度的話…

叫你上升就上升，廢話那麼多？想死嗎？馬上給我往上升！

嗚嗚

看槍

轟隆 轟 轟 轟 轟

啊啊啊～～～！

碰 碰 碰

嗯？這怎麼回事？

嗯？怎麼突然覺得呼吸困難？

機內乘客請注意：因為機體急速上昇，呼吸會有困難，請各位戴上氧氣罩。

匡噹 匡噹

喀

喀

不能呼吸…

也給我們氧氣罩吧…

呼…呼吸困難

氧氣不足啊！

啊…

噗 通

耶！！

喔耶 耶 耶

請問您是如何抓住那些恐怖分子的呢？

飛機如果急速上升，空氣會變得稀薄且壓力下降，進而導致呼吸困難，我只是利用這個原理而已。

嗚…

無法自行運動的肺，那是怎麼呼吸的呢？

因為肺沒有肌肉，所以不能自行運動，因此藉由肋骨跟橫膈膜自上而下的運動來改變胸腔的氣壓，再透過肺來交換空氣。

把氣吸進來時，橫膈膜會往下移動而肋骨會往上，此時胸腔會鼓起同時空氣會進到肺裡。把氣吐出來時，橫膈膜會往上移動而肋骨會往下，此時胸腔會收縮，同時空氣會往外出去。

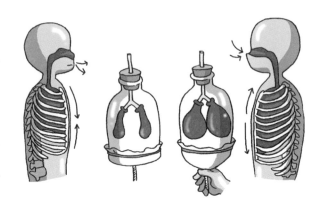

 ### 憋氣可以撐多久呢？

一般人若憋氣可以撐個30秒到1分30秒左右，但是在海裡工作的海女一般可以撐到兩到三分鐘，有人最高可以撐到五分鐘之多。憋氣如果憋太久會使腦受到很大的傷害，腦如果缺氧8分鐘的話很有可能會造成腦死。

 ### 在高處聽說有別的呼吸方法？

高山症是爬上海拔2500公尺到3000公尺以上的山時會出現的症狀。在高山上氣壓下降，空氣中的氧氣分壓同時會降低，使得我們不只是會感到不舒服、疲倦之外還會出現頭痛、食慾不振、嘔吐等症狀。如果嚴重的話，更會出現想睡、暈眩、精神昏迷、興奮或感覺異常等現象。飛機急速上升時可以感覺到類似現象，而這稱作航空病。

在適當高度的山地裡停留個2到3個星期後再出發登山的話，紅血球與心搏出量會增加，使得在更高海拔的山裡也可以生活。這稱作淨化，利用這樣的淨化原理

來以適應高山地帶，會使肺活量會增加。通常馬拉松選手是為了增加肺活量而特地到高山地帶進行移地訓練。

老師，我有問題！

在水裡居住的鯨魚是如何呼吸的呢？

居住在水中的動物大部分用鰓來呼吸，但屬於哺乳類的鯨魚跟人類一樣是用肺來呼吸的。因此鯨魚一定要上到水面呼氣後再吸氣回到水裡。鯨魚一般可以在水中憋氣憋個15分鐘，目前所知鯨魚在水中憋氣憋最久的最高記錄是40分鐘。

「深沉的海中浮出一個巨大的身體，鯨魚一到達水面就高高地噴射出壯觀的水柱。」這是在漫畫或使用特殊效果電影中常見的畫面。事實上，那些噴射出來的東西都是熱的空氣。有如其他哺乳類動物一樣鯨魚也有鼻孔，但鯨魚的鼻孔經過進化後並非長在前面而是在後面。在長時間潛水後，從氧氣皆用盡的肺中溫暖的空氣會發出咻咻的巨大聲響且藉由高壓來噴出。這時因為周圍的冷空氣水蒸氣會凝結成雲。以鯨魚來說，這凝結的水蒸氣稱之為噴氣，可根據噴氣時的樣子來區別鯨魚的種類。藍鯨（大王鯨）的噴氣霧柱高且樣子可達9公尺，齒鯨（鬼鯨）會利用兩旁的鼻孔來製造雙重霧柱，而只有一個噴柱孔的抹香鯨會歪斜的製造向前的一個霧柱。

教學實驗室　製作肺模型

肺

我們今天要做的實驗是我們用來呼吸的肺模型。

每天都實驗實驗的，好無聊喔！

那麼該準備些什麼東西呢？我們該準備好剪刀、刀片、塑膠瓶、氣球、橡膠手套（實驗用）、透明膠帶。

氣球？

有人知道肺有多少肌肉嗎？

肺的外型長這樣我猜應該是兩條吧。

答對了吧？

肌肉：是指將筋腱與肉連結起來的用語。它包含了蛋白質、脂肪、碳水化合物、無機鹽以及70%的水分。

事實上，肺是沒有肌肉的。

嗯嗯

什麼？那這樣肺要怎麼運動呢？

事實上肺呢…

哇～

偷畫畫

姜哲民！

注意點！

驚！

是…是！

別做其他事，給我好好專心聽課！

是！我知道了

嘻嘻

嘿嘿！

37

現在開始好好觀察，就可以了解肺是如何運動的啦～

嘿！

用刀片跟剪刀小心地將塑膠瓶割開。這時塑膠瓶就當作是我們的軀幹。

然後在瓶口上…

調包

放入氣球後

像這樣把氣球底端翻開。

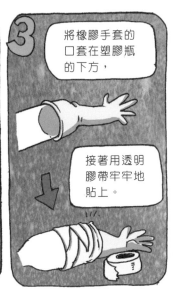

將橡膠手套的口套在塑膠瓶的下方，

接著用透明膠帶牢牢地貼上。

每當把橡膠手套扯開又鬆開時，有沒有看到氣球會變大變小？

忍住不笑

拉扯

哇～哈哈哈！

哇哈哈

哈！好玩吧！實驗就是這麼有趣的東西。

老師，你是從哪時候開始變那麼胖的呢？

嗯？什麼東西？

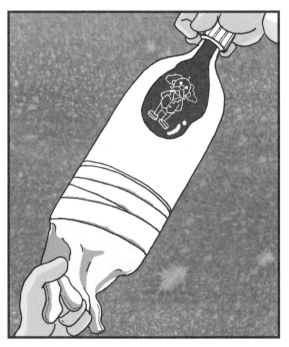

充一氣

哇～哈哈哈！

怒

哈哈哈

我以後上課不亂開玩笑×

約翰史考特豪丹（John Scott Haldane）與杰克豪丹（J. B. S. Haldane）

　　父親約翰史考克豪丹跟他的兒子杰克豪丹為了進行呼吸方面的研究，數十年間用自己身體來當做實驗的對象。像氮、二氧化碳、氦、氬（這些氣體存於空氣中）之類的混合氣體或有毒氣體吸入後，研究它們對於人體會造成什麼影響。豪丹父子研究人們進到很深的海裡時出現在身體的反應，也找到利用潛水服的方法來避免得到會致死的栓塞症。研究人們登上空氣稀薄的高山時，人體會產生什麼反應，為飛行員或搭飛機的人的生命安全上給予了極大的幫助。

　　多虧豪丹父子在超過50年期間以自己身體為對象做實驗，使許多礦工、潛水夫、軍人、潛水艇人員、飛行員、工廠的勞工以及在地底下或水裡工作的人能夠更順暢的呼吸。

電影中的科學

該怎麼做才不會被鯊魚活捉
且逃到水面上呢？

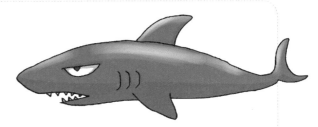

電影＜水深火熱（Deep Blue Sea）＞是一部敘述因基因改造而變得聰明的食人鯊開始攻擊人類的驚悚片。利用絢爛的特殊效果把鯊魚的攻擊性行動活生生的表現出來，同時也呈現了差點就因為科學的進步而釀成危機的渺茫未來。

在漂浮於海上的水上研究中心阿酷亞提卡（Aquatica）裡秘密地利用鯊魚來研究將人類的腦起死回生的方法。即使被禁止，執著於研究結果的博士仍進行了改造鯊魚基因的實驗。鯊魚逃脫的事件發生後，贊助研究經費的投資者打算關閉研究中心。開始著急的博士動手完成最後的程序後，就在慶祝如戲劇般成功的瞬間，鯊魚卻在麻醉消退後醒來攻擊人類，而被囚禁在研究中心的人們為了活下來，與鯊魚展開一連串激烈的爭鬥。

頭腦變聰明的鯊魚開始擋住往陸地上去的通道，想要游上去的主角就出現了。從研究中心到水面要230公尺，能夠不被鯊魚活捉，然後再游到水面嗎？

一般憋氣潛水肺會因乾癟而無法游泳。而世界最高的潛水紀錄也不超過153公尺。雖然裝上潛水裝備後可以潛到深水域去游泳，但這時要是急遽游上來到水面的話是不行的。從深度200公尺以上地方出來的話要在減壓室待上一周後才可出去。另外，因為在30到200公尺內深度的海裡使用壓縮空氣會產生各種問題，所以要使用叫作氦氧混合氣（Heliox）的氦與氧混合的氣體；200公尺以上的深度則要使用三合氣體（氦氧混合氣加上氮氣）。因為氦氣比起氮氣溶解度低而在血液中不易溶解，所以減壓的時間縮短也幫助避免陷入昏迷狀態。但是因為熱傳導性高會導致體溫大量地被剝奪掉，所以需要穿上會發熱的潛水裝。

進入血管內到處流動的奈米機器人

老師！我的忠植它好像哪裡不舒服耶？

碰！

一動也不動的！

學校裡怎麼可以把狗帶進來呢？

那麼只好到我的秘密研究室去一趟了！

噓～

秘密研究室？

啥？

鏗 鏘

哇賽！

嘿嘿

我看看喔，原來現在忠植的心臟有心絲蟲跑進去了！

老師，這研究室什麼時候…？

嗶 嗶嗶

這是怎麼一回事啊？

嗚哇～

聖閔，你搭上奈米機器人進到忠植的身體去看看。

哇～

嘰咿

接著按照我的指示做的話就可以把心臟心絲蟲給消滅了。

那麼，準備好了嗎？

好了！

衝 阿

出發！！

哇～這裡就是血管裡面耶！

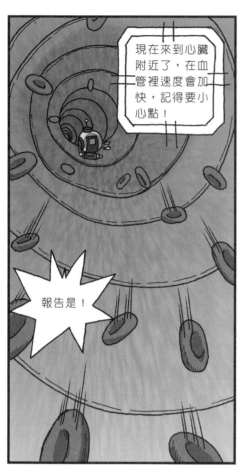

現在來到心臟附近了，在血管裡速度會加快，記得要小心點！

報告是！

啊～～好像在急湍上喔！

到達心臟！喔？在瓣膜那邊有小絲蟲。

右手邊的紅色按鈕是雷射器。立即把它撲滅！

喔喔

心臟：促使血液循環的原動力，且為循環系統的中樞器官。利用反覆收縮與放鬆來供給全身的血液。

雷射光發射！

嗶

嗶嗶嗶

喔耶！

耶！老師，我成功了！

哇嗚！瓣膜恢復正常後速度變得更快了耶！

噠 噠 噠 噠 噠

啪比 啪比

聖閃啊！聖閃！訊號被阻絕了，該是回到原狀態的時間了…得用X光機找找看了！

啪

找到了！

怎麼跑到外面來的？

嗡嗡一

怎麼只有蚊子呢？

嗡～

哎呀！給我閃邊去！

嗡

碰☆

碰！

嗯？

老師！我差點就死掉了耶！

好家在！

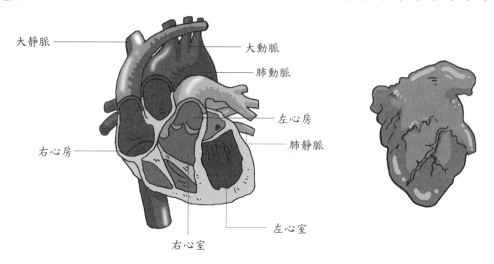

心臟是促使血液循環成為原動力的器官,是負責利用反覆的收縮與放鬆來供給全身血液的一種幫浦。

人類的心臟位在胸的左側,大小一般跟自己的拳頭差不多,而重量為200到300公克左右。心臟是由2心房、2心室組成的肌肉質,其中心室是將血液推向動脈的地方,心房是接受血液的場所,右心房連接著大靜脈,而左心房則與肺靜脈連接。心房與心室,心室與動脈間有瓣膜存在能防止血液的逆流。

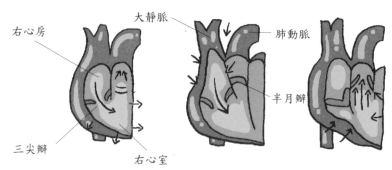

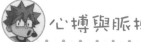

為了促使血液循環,心臟周期性的收縮運動稱之為心搏。所謂的脈搏,是指心臟的搏動促使血液循環,接著動脈的血管反覆地收縮與放鬆的作用。靠近皮膚的動脈中血管的收縮與放鬆,這就是脈搏的跳動。

 ## 心臟的瓣膜

　　人的心臟分成2心房2心室。心房與心室，心室與動脈間因為有瓣膜的存在能防止血液的逆流。右心房與右心室間有三尖瓣，左心房與左心室有二尖瓣，而左心室與大動脈、右心室與肺動脈間則有半月瓣。

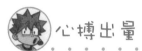 ## 心搏出量

　　心臟反覆收縮與膨脹的同時，有將血液從左心室送往大動脈去的幫浦功能，此時一分鐘內所送出的血液量就稱作是心搏出量。因左心室收縮而送出去的血液量平均一次為75 mL，而在安全狀態下的平均心搏次數每分鐘約70次，所以一般從心臟送出去的血液量即是70次／分×75 mL＝5.25 L／分。

 ## 這只是常識而已～

心臟有令人驚訝的幫浦功能，結果是？

人類的心搏出量每分鐘約5.25 L，所以每小時會送出315 L的血液，每天有7,560 L，每週有52,920 L的血液會從心臟送出，然後在全身裡循環。

血液是以相反方向流動？

我們常易認為在動脈裡流的是動脈血，而在靜脈裡流的是靜脈血。但事實上透過肺循環含有許多氧氣的稱作動脈血，氧氣含量低且二氧化碳含量高的血液則稱作靜脈血。因此在肺動脈裡流動的血稱作靜脈血，在肺靜脈流動的則是動脈血。

教學實驗室　製作火柴棒診脈器

今天一起針對心臟好好了解吧！

心臟如果受傷的話，很有可能會致死因此對於我們身體來說是非常重要的。

咳咳！

西方電影裡也常用槍瞄準心臟！

哈哈哈

碰！

啊

沒錯，心臟是我們身體不可或缺的重要器官。那麼有誰知道心臟一分鐘內會跳動幾次呢？

選我！選我！

一般人是一分鐘跳動60到80次左右，而小孩子則是一分鐘約80到140次。

喔～

書哲真是了解耶！

嗯！很好！

那麼實際上各位跳動了多少下要不要測試一下呢？

1

這實驗需要黏土跟火柴棒。黏土則以橡膠黏土或彩色黏土為佳。

2

把火柴棒插到黏土上。黏土的量則越少越好。

3

把黏土底部壓扁一點

用力

4

把衣服袖子往上折，手掌朝上把手放在桌上，手心朝上。

5

把黏土放在手腕上，移動大拇指尋找火柴棒震動的位置。

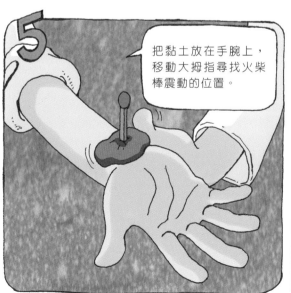

如果找到～

從現在開始數火柴棒震動的次數。

找不太到耶…

哈哈

奇怪

喔耶！找到了！

從心臟出發的血液繞全身一圈只需要花46秒。

46秒

還有，就是心臟每分鐘送出的血液量有5.25 L之多。也就是說，5個500 c.c.的容量，塑膠瓶再加上1個罐裝可樂瓶就是從心臟送出的血液量。

每1分鐘
5.25 L

哇嗚

如果有人數一數發現不到70次或高於120次，要記得去保健室一趟。

好！

43，44，45，46，47…

哇嗚~

蘭德施泰納（Karl Landsteiner, 1868~1943）

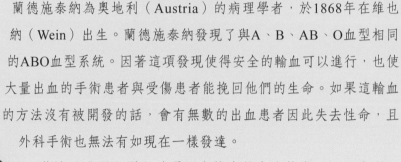

蘭德施泰納為奧地利（Austria）的病理學者，於1868年在維也納（Wein）出生。蘭德施泰納發現了與A、B、AB、O血型相同的ABO血型系統。因著這項發現使得安全的輸血可以進行，也使大量出血的手術患者與受傷患者能挽回他們的生命。如果這輸血的方法沒有被開發的話，會有無數的出血患者因此失去性命，且外科手術也無法有如現在一樣發達。

他除了發現血型之外還研究梅毒的免疫特徵，因而發現了免疫因子，並自己命名它為半抗原（Hapten）。

蘭德施泰納因促使安全的輸血研究發現的功勞，而在1930年獲得諾貝爾獎。他在獲得諾貝爾獎後仍繼續研究，並在1940年與得獎者一同研究新生兒出血現象的過程中，立下了發現RH因子的功績。

這只是常識而已～

自己跳不停的好動兒——心臟

心臟會自己搏動，也就是說它會自己跳動。在大靜脈與右心房附近的洞房結節裡會規律的放電，而這電流會使心臟收縮。接著由房室結節傳送信號後，再次透過普勒金內（Purkyně）纖維往心室發送信號，這麼一來心室的肌肉受到刺激後，會促使其收縮而形成搏動。如上所說心臟搏動是自己完成，所以在一般成人的情況下雖然心臟搏動數每分鐘有70次，但是驚嚇時或運動時的搏動速度與強度又會有所不同。

血壓為何會上上下下呢？

因心室的收縮血液被推往血管，使血管受到壓力，這就稱作是血壓。通常是指動脈的血壓。

從心室把血液一下子往外推，動脈膨脹的同時動脈內的血壓急遽增高，直到最高血壓出現，心室放鬆時不把血液往動脈推血壓自然就會降低，而在下一次收縮前會出現最低血壓。

一般健康成人的最高血壓為120 mmHg，最低血壓則為70～80 mmHg。

高血壓分為遺傳加上許多後天性的因素而發病的本態性高血壓，以及因某些特定疾病而發病的繼發性高血壓兩種。韓國的高血壓患者90%以上為本態性高血壓，主要是進入中年後會出現的成人病。

雖然名為本態性高血壓，但只有成為高血壓的因子是遺傳性的，並非指高血壓本身為遺傳性。但是，如果父母、兄弟姊妹中有高血壓患者，這因子會跟著遺傳而繼承，此時再加上其他危險因素就會導致發病的可能性提高。

後天性危險因素包括鹽分攝取過多、壓力、體重過重、酒精攝取量過多等因素。

在這些因素中，韓國發生高血壓的人主要是因為鹽的攝取量過多與壓力。鹽成分中的鈉（Na）會使體內的水份增加導致血管收縮而讓血壓上升；而壓力會分泌一種使血管收縮的荷爾蒙－腎上腺素（adrenalin）而讓血壓升高。因此遺傳性因子、過度的鹽分攝取以及壓力為高血壓的三大要因。

哲民
愛講話
ㄎㄎ

在屁上點火吧！

現在要來做蒸餾實驗。
要在酒精燈上點火，大
家要小心點。

啊～！

噗噗

嘻嘻！抱歉，剛
剛吃了地瓜…

臭～　異味～

放屁隊長你小心
點，屁上會著火！

真的假的？！

你們幾個做實驗時給我在那
邊亂說什麼！

建雄老是放
屁啦！

噗

放屁是正常的生理
反應，這也是沒辦
法的事。

咳咳！

看吧！

好啊！大家一起在屁上點火吧！

耶～！

你們是想做什麼奇怪的事嗎？

預備～

噗！

要多忍一下啦！

哈哈對不起啦！應該要多忍一下的說…

嘿嘿

57

消化完全了

我們身體需要的養分可以藉由吃完食物後吸收營養素而得到，這過程就叫作「消化」。所謂的消化，指的是用從外部攝取的分子把大的營養素分解成體內可以吸收的小分子的作用。舉例來說，把多醣類的碳水化合物分解成單醣類；把脂肪分解成脂肪酸和甘油（glycerol）；把蛋白質分解成胺基酸。

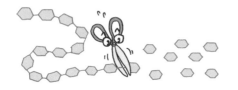  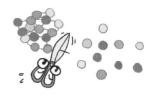

 這只是常識而已～

大出黃金色便便吧！

「早上有排便的人是健康的」，「外貌勻稱且粗的糞便是好的」，「早上一睡醒就喝冰水的話可防止便秘」等跟排便有關的傳言不少。但究竟這些都是有根據的嗎？

雖然說早上有排便的人是健康的，但排便最重要的並非特定的時間，而是要有規律性的排便。還有，硬邦邦或鬆軟的形態與否跟水分的含量有關，並非單指跟健康狀態的關係。早上一睡醒就喝冰水雖然對於便秘有幫助，但最重要的是平時就要多攝取水分，而非在特定時間喝水。再來，就算攝取很多水分，水分含量並非會因此無限增加。糞便的量會隨著所攝取的水分而調節，為了提高糞便的水分含量，多多攝取纖維素也是不錯的選擇。

經過24小時的變化，好吃的食物變成發出怪味的糞便

使食物直接消化的器官有口腔、食道、十二指腸、小腸、大腸及肛門；而製造消化酵素幫助消化的器官有肝、胰臟、膽囊及唾腺。

消化過程是依食物→口腔→食道→胃→十二指腸→小腸→大腸→肛門的順序進行，雖然根據情況會因人而異，但一般來說消化會花上24個小時。

小腸利用分節運動與蠕動運動將食物跟消化液混合，接著把食物分解成營養素，小腸內部的許多環狀皺壁與絨毛可有效地吸收營養素。在小腸裡被吸收完剩餘的殘渣會進到大腸裡。大腸主要是吸收水分，而剩餘的殘渣會從肛門排泄出去，這就是所謂的糞便。

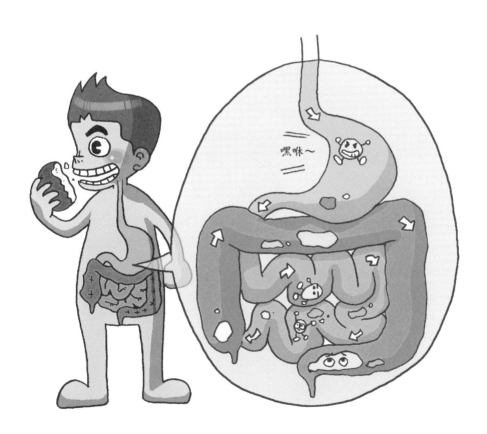

教學實驗室 觀察我們咀嚼的食物

嘰嘰

科學教室

喳喳

剛剛為了放屁太專心現在肚子有點餓耶！

碰！

碰！

嚇我一大跳！

好了大家安靜點！消化的起步是從吃東西開始，

而我們要來觀察從嘴巴裡看到的部分。要準備的東西有下列5樣。

消化：將要攝取的營養物質按照種類分解成小分子，藉以能夠被應用的簡單型態來促進吸收的物理、化學作用或是其過程。

是，老師！

咕嚕！

喔耶～餅乾一定很好吃！

哇～

1 首先把餅乾分成兩半

啪！

2 把餅乾的半片捏碎後放入量杯中

3 在杯中加入2匙水後搖一搖

×2

4 加入3滴碘化鉀溶液後搖一搖

碘化鉀

結果1

好好觀察它的顏色

5 剩餘的餅乾放到嘴裡，

嚼到它變成液體為止

啊

卡滋　卡滋

6 將嘴巴中的唾液跟餅乾混合物放到乾淨的杯子裡

呸！

7 如同第四步驟一樣，加入3滴碘化鉀溶液後搖一搖～

碘化鉀

61

好好比較這兩杯的顏色

左邊的顏色較淺！

會那樣，是因為唾液與澱粉發生反應的關係。

唾液和…

澱粉？？

碘化鉀溶液是辨識澱粉時所用的指示劑。含有澱粉時碘會呈現青藍色，無澱粉時顏色是保持不變的。

再者，唾液中稱作「澱粉酵素」的消化酵素，負責把澱粉分解成葡萄糖。

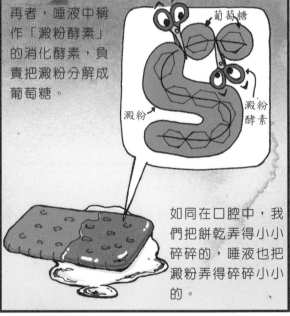

葡萄糖

澱粉

澱粉酵素

如同在口腔中，我們把餅乾弄得小小碎碎的，唾液也把澱粉弄得碎碎小小的。

我們這組的餅乾消失了！

舉手！

我們這組的也消失了！

等等，我記得這裡有多餘的餅乾。

左顧

右盼

我看看喔！

什麼！你這傢伙怎麼可以把餅乾通通吃掉呢？！

怒

珍貴的實驗材料居然自己一個人把它吃掉，看我怎麼修理你！

嗯？是吃太多了嗎？我想放屁…

噗

噗～

放屁是指腸裡面的空氣透過肛門放出去的現象。常常會有氣體進到身體裡、製造、消耗完後又往身體外排放出去的現象。人無法意識到自己一天平均會放13次左右的屁，而全部氣體的排放量最少有200 mL，最多也有1,500 mL。腸裡面的氣體大部分是氮氣、氧氣、二氧化碳、氫氣、甲烷氣體等無色無味的氣體。如果是那樣的話，為什麼屁的味道會如此難聞呢？屁是在大腸裡產生的。在小腸中沒被吸收而往大腸下去的各種食物殘渣，被大腸中的細菌分解的同時製造了氣體，那時製造出最多的氣體是氫氣。細菌用氫氣與二氧化碳製造出甲烷氣體，使氫氣或甲烷氣體去跟蛋白質成分之一的硫結合。這硫就是製造怪味的禍首。所以包含越多硫的屁，味道會越重。

那麼有些人為什麼放屁特別大聲呢？屁聲跟氣體的量、壓力還有痔瘡等肛門疾病有關係，隨著給排氣「通道」影響的肛門周圍狀態而有不同。使出相同的力時，就像通道越窄聲音越大的意思一樣，推出去的力氣特別大或因痔瘡等使得部份通道被堵住的人的話，通常放屁聲音會變大。

放屁主要是所吃的食物小腸沒吸收時，還有在腸裡製造氣體的細菌比起消滅氣體的細菌來的多的時候會較多，所以跟健康沒有直接的關係。像是會製造許多氣體的單醣類、澱粉類、豆類等在腸裡不易被分解，屁放很多的人如果少吃這些東西的話可以減少放屁的量。

哲民愛講話

電影中的科學

比起卜派（Popeye）更喜歡菠菜的奧莉薇（Olive Oly）

卜派在1929年1月17日在原為日刊的時事漫畫，後為艾爾濟・席格（Elzie Segar）的連載漫畫《頂針戲院（Thimble Theatre）》中初次登場。在1933年改編成名為＜大力水手卜派（Popeye the Sailor）＞的卡通影片，在世界各地透過電視轉播，深受許多國家的小朋友們的喜愛。

特別有趣的是卜派在全世界小朋友們的現實生活中給予極大的影響。媽媽為了讓不愛吃青菜的小朋友吃菠菜，常用「吃下菠菜的話就會變得跟卜派一樣有力氣喔！」等話來說服他們。小孩子在受騙的心情之下，對於卜派的喜愛即使勉強也會把菠菜吃下去。小孩子們會認真的跟著唱「我的力氣超大，只要吃了菠菜力氣就會持續到最後！我是卜派，我是大水手」的漫畫內容。

但是真的吃了菠菜力氣會變大嗎？即使不能像卜派一樣把笨驢（Brutus）一拳打飛，但這是有根據的故事嗎？

不幸的是，吃菠菜力氣會變大並不如漫畫故事一樣。簡單的說，這根本不是事實。如果要增加力氣的話，要吃會釋放出卡路里的營養素——像是蛋白質、碳水化合物或脂肪等能源，而在菠菜裡幾乎沒有會釋放卡路里的營養素。跟其他蔬菜也是一樣的道理，菠菜跟「力氣」可說是一點關係也沒有的「草」。

但是菠菜是對身體好的蔬菜這件事是沒錯的。菠菜包含了我們身體必需的維他命A、B_1、B_2、C以及鈣、鐵質、碘等，且是由纖維質組成的，所以對大腸也很好。菠菜雖然不能使人變得跟卜派一樣力氣超大，但也可以幫助我們變得跟奧莉薇一樣身材苗條哦。

5. 排泄器官

我們身體的樣貌
消化與循環

人如果不會流汗會怎麼樣？

嘿！
哈！

啪 啪啪

碰！

碰！

可惡！汗進到
眼睛去才會輸
的啦！

哈！就憑你那
三腳貓功夫？

嘖！別找藉口了
啦！

可惡！是真的
啦！

不甘心

哼！

無論如何以後都還
會再交手的，你皮
給我繃緊一點啊！

哼 哼

哼！好啊！
明天再戰一
次啊！

嘻嘻嘻！汗流都不流，看來今天穩贏了！

呼 呼

要撲過去囉！

哼

放馬過來！

驚

誰怕誰！

碰 碰 碰

嗶嗶嗶

體溫正在急速升高

快呀 快呀

趕快排汗到皮膚去！

是的，收到！

腦下垂體報告！體溫持續上升現在立即排汗！

迅速轉身

持續發出立即排汗的信號但是體溫仍然不下降!

什麼?大事不好了!

快查出原因!

原因是汗腺似乎被堵住了

嗯!

連續攻擊!

鏘!

嗶嗶嗶

碰

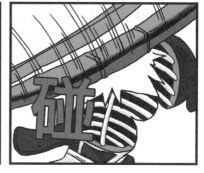

碰

嘻!今天又是我贏了!

啊～

無法動彈

嘿…

啊～好熱啊!

熱死啦!

滾來

滾去

啊!

哼!今天又想找什麼藉口?

少來～

我知道錯了～～

嘶嘶～

快潑我一些水～～

人們活著所需要的能量——碳水化合物、脂肪、蛋白質等營養素是依照呼吸而分解所得到的。這三大營養素被分解時把所產生的老舊廢物送到身體外頭去，這個過程稱為排泄。

　　碳水化合物與脂肪是由碳、氫及氧三元素組成；而蛋白質則是由碳、氫、氧及氮組成的。所以碳水化合物與脂肪分解後會產生二氧化碳和水；分解的蛋白質除了可產生二氧化碳和水之外還會產生氨（ammonia）。長時間沒清掃的小便斗裡會散發出刺鼻的怪味，正是因為有氨的關係。

　　二氧化碳在血液循環的同時，經由肺的運送而被排放到身體外去；同樣地，毒性強的氨經由肝的運送轉換成毒性較低的物質後被排到身體外去。再來，水在身體裡會重新被利用或者以尿液或汗的形態排泄到外面去。駱駝在沙漠中即使不喝水也可以撐很久的原因在於把身體裡儲存的脂肪分解後出來的水不讓它散發出去，就是為了最大限度的再利用。

　　「排泄」的意思是將老舊廢物往身體外排放，但不只是維持體內水分的均衡與血液一定的pH值，還有透過汗腺把汗液排泄出去，同時也調節體溫使其維持恆定。老舊廢物如果一直囤積在身體裡會怎麼樣呢？若身體裡囤積過多的二氧化碳和氨，則細胞無法正常的運作。因此老舊廢物必須排到身體外頭去。孕婦因為胎兒的關係無法將老舊廢物排到身體外面去，所以可能會得到因老舊廢物囤積導致身體浮腫的妊娠中毒症。

排泄器官有哪些呢？

筆記超人

· 腎臟與汗腺。
· 腎臟：過濾血液中的老舊廢物後形成尿液，透過腎臟排泄出去。
· 汗腺：從血液開始過濾的老舊廢物由皮膚表面排泄出去並協助體溫調節。
· 排泄過程：腎臟→輸尿管→膀胱→尿道→身體外部。

全身的排泄

人透過腎臟與汗腺把老舊廢物跟水分排泄出去，也就是說送到身體外面去。

腎臟以菜豆的外型在橫膈膜下方往背部方向左右各一個。從絲球體往鮑氏囊（Bowman's capsule）去，許多物質被過濾形成原始尿液後，在細尿管中再次進行被吸收且分泌的過程，而尿液的成份被濃縮後會聚積在集合管。尿液是經過集合管、腎盂及輸尿管後聚集在膀胱再透過尿道而排泄出去的。

汗腺是利用從皮膚的真皮層往皮膚表面出去的管，透過這毛細血管像網子一樣往頂端排泄出去。

在毛細血管裡的血液中利用汗腺將老舊廢物或水過濾，並且將過濾的物質透過汗孔排泄出去。汗腺跟細尿管不同，並沒有再吸收的功能。汗的成份跟尿液相似，99%約為水，剩下的則是尿素、肌酸（creatine）及鹽分。

教學實驗室

了解汗液的分泌過程與角色

今天約好了要去游泳別忘了喔！

喔…好，我知道了。

來～大家安靜一下

來～東西都準備齊全了吧？丟棄型的塑膠手套、溫度計，還有橡皮筋。

有～

有～

1
那麼用溫度計測試手的溫度後記錄下來～

37℃
沙沙
沙

2
之後戴上塑膠手套

手腕部分綁起來，使空氣進不去。

3
等待一段時間後，

有水滴出現對吧？

④

那麼此時在塑膠手套裡放入溫度計看看，跟剛剛測的相比較之下可以知道溫度有上升。

38℃

⑤

最後把手套脫掉的話？

啪

如何？

好清涼喔！

哇嗚～

哇嗚

在塑膠手套上產生的水滴正是各位的汗液。手裡分泌的汗應該要蒸發到空氣中，但因為無法出去而凝聚在手套裡。

還有最後如果脫掉塑膠手套的話，因為汗一邊蒸發的同時一邊從皮膚奪走了熱

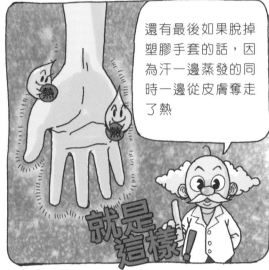

熱

熱

就是這樣！

所以才會感到很涼爽。

喔～

靈光一閃

73

最近要利用原理來減肥，保鮮膜減肥法⋯

一定要減肥成功！

加油

看過媽媽用過好像只包了腿跟手臂吧？

一次全包的話也許較有效的說⋯

好！就決定一次全包！

啪！

碰

這樣嗎？

有點緊

呼～

沒想到已經開始發熱了的說

阿阿…

嗯…好溫暖好想睡覺喔…

愛睏…

滴零零

叮鈴鈴鈴

喂…喂？

搞什麼你在哪啊？就只剩你還沒來！

驚

咚 咚 咚

啊對了！游泳館！

哇哈哈！好像斑馬喔！

哇哈哈

喔！

為何會跑出鹹鹹的水呢？

　　汗液或淚水之類的液體味道是鹹的且成份都很相似。因為汗液或淚水是我們身體血液成分的一部分，是由血液的排泄物形成。

　　地球最初的生物——單細胞生物的體液是由海水進到體內所形成的。後來這種單細胞生物的體液轉化成多細胞生物的血液。所以，人類的血液也是由與海水成分相似的成分所組成。即我們血液的主要成分是海水的主要成分，像是鈉離子Na^+、亞鈣離子Ca^+、鉀離子K^+、鎂離子Mg^{2+}、氯離子Cl^-所組成的。

不流汗的小孩──費德瑞克（Fredrick）

有個叫作費德瑞克的小孩一出生就沒有汗腺。沒有汗腺的費德瑞克在外面活動非常辛苦，特別是夏天的時候。說到運動，費德瑞克則是連想都不敢想了。所以科學家製造出了一套可以轉動的特殊冷溶液裝置讓費德瑞克套上。多虧了這裝置，使得費德瑞克不僅可以在外頭活動更久，還可以做運動。

排完小便後為何會不自覺抖一下呢？

我們的身體約有60%是水，且是維持基本恆定的。當因劇烈的運動或炎熱的天氣導致流很多汗的時候，身體水分會不足而感到口渴。相反地，吃很多食物或飲料而身體水分有多餘時，透過小便將水排到身體外頭去。雖然在炎熱的夏天，常常因為流很多汗使小便量變少，但是在寒冷的冬天裡，因不太流汗使得小便量也會變得多一些。

健康的成人一天的小便量雖然受到食物的攝取量、汗流的程度、在消化器官中的水分損失（嘔吐或拉肚子之類）的影響，但一般來說大約為1～1.5 L左右。若人一天之中排便約三次左右，每排便一次的量約為300～500 mL，差不多是一罐可樂瓶的量。

小便因為是在體內儲存一段時間後再排放出去的關係，所以會帶走身體的熱，而量約為排泄出去的小便量。人的體溫約為37℃，每排一次小便所釋放出去的熱量約略計算的話，大概是300 mL × 37℃＝11,100 cal。也就是說，相當於會一口氣消失11 kcal的熱量。

身體在小便時為了補充所損失的熱量，會帶動肌肉運動，而這肌肉的運動會使身體抖個幾下。在寒冷的冬天小便完後並不只有身體會抖，連雞皮疙瘩都會起來，這是身體盡可能的在減少熱的散發而將汗孔堵住，防止它到皮膚表面去的一個作用。

6. 感覺器官——眼睛

我們身體的樣貌
刺激與反應

超級眼睛？

啊～眼疾變嚴重了說！不用去學校好是好，但是好無聊喔…

悠閒自在～

還在睡覺！！

突然出現

哇哩

哇啊啊！！老爺爺你哪位啊？

我帶了能夠治好你眼疾還能擁有神奇力量的秘藥來了！

瞧…

就是這瓶叫作「六百萬元男子漢」的眼藥水！

喵

真的有效嗎？

喔～

真是太感謝您了。嗯？人跑哪去了？

滴一次試試好了…
抖抖抖抖

哇賽！眼睛不痛了耶！好神奇喔！
超有效

但是…
不是說有神奇的力量嗎？
嗯～

哇～可以透視牆壁耶！
還可以透視我們家…小石…

你這傢伙！跟你說要大便就要去廁所是要我說幾遍啊！
驚

嘻嘻嘻！我現在可以透視了是吧？
嘿嘿
爽

作弊被抓到了話一律零分,所以讀了多少就答多少,誠實一點有沒有聽到?

嘻嘻!都看到答案了說

我這次考試一定會拿100分!

建雄啊!還不快梳洗吃個飯去學校!

嗯?這裡不就是學校了嗎?

你這孩子居然還在書桌上睡覺!還不趕快給我起來!

看招

嗚嗚…原來一切都是夢啊!

痛啊…

一起直接用眼睛看？

　　眼睛是接收視覺資訊的感覺器官。人的眼睛位在頭骨前部的左右，由眼皮保護著。

　　眼睛前部有一個叫作角膜的透明組織，角膜跟水晶體一起有對焦的功能。位在眼球中間部分的虹膜如同相機的光圈，可以調節光進去的量。所以在明亮的地方裡虹膜一邊變大的同時，會使瞳孔變小，以減少到達視網膜的光量；而在陰暗的地方裡虹膜一邊變小的同時，會使瞳孔變大，以增加到達視網膜的光量。

　　由蛋白質組成的水晶體在看遠看近時，厚度會隨著變化細薄來調整焦距。位於眼睛內部的玻璃體是清澈的凝膠狀物質。視網膜有如相機底片一樣，在影像聚焦的位置有區分物體亮暗的桿狀細胞，以及分辨顏色的錐狀細胞。從視網膜的視細胞裡伸出來的視神經，為與腦連接而形成會合於某地方之盲點。

　　如果水晶體的厚度不能順利調節，有如近視或遠視一樣，太近或太遠的東西會看不太清楚。如果角膜不滑，在視網膜凝聚的物體像不鮮明，導致看的東西模糊即變成散光。如果桿狀細胞出現異常會出現夜盲症，而錐狀細胞有異常則會變成色盲。

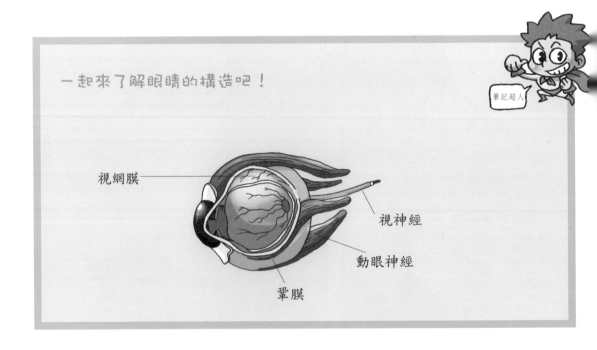

一起來了解眼睛的構造吧！

筆記超人

視網膜

視神經

動眼神經

鞏膜

明明眼睛一睜開就看的到，哪有那麼複雜啊！

人眼在視網膜、水漾液、水晶體與玻璃體的相互作用下聚集成物體影像。

在眼睛最外面的視網膜會降低光約25%的速度，使光線往中心折射。最新流行的雷射手術就是把視網膜切開，調節折射率使視力恢復的一種手術。

穿過視網膜的光線經過水漾液後又通過水晶體的同時，會一邊精密地調整焦距。水晶體大小跟豆子差不多且由2000個以上的彈性薄膜組成。隨著年紀增長，水晶體的彈性會消失導致看不清楚近方的物體。

穿過水晶體的光線經過玻璃體後在視網膜形成影像。玻璃體用細薄的纖維網圍繞成透明的球狀，其成分99%為水，且是比雞蛋的蛋白質稍微硬一點。

負責聚集成像的眼睛其每部分的折射率：視網膜1.337，水晶體1.44～1.45都比空氣還要高。

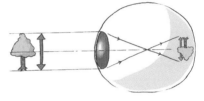

老師，我有問題！

會什麼會出現色盲呢？

色盲跟錐狀細胞的異常有關。錐狀細胞有三種，各自擁有不同的視紫質（rhodopsin）。這些細胞各自隨著易吸收的顏色分成藍色、綠色與紅色錐狀細胞，實際上，這三種細胞會吸收許多種類的光，且可以區分可見光內的所有光線。這種錐狀細胞，缺少一個以上就會出現色盲。但絕大部分的色盲，並不僅止於無法區分紅綠燈而已。

 哲民
愛講話

我好像越來越喜歡小風了！

嘰嘰　嘰嘰

又會運動，

會讀書，

歌也唱得不錯，

連演技都超棒！

哈囉？

我們來玩一二三木頭人吧！

哇～好漂亮喔！

嗯？

害羞

聖閔，我們一起玩一二三木頭人吧！

嗯…

恩恩

臉好燙

那個…我…

噗通 噗通

咕嚕

不用了啦…我待在這就好了！

呃 呃

嘻嘻！小風該不會是喜歡聖閔吧？

什麼

哪…哪有啊！

臉紅心跳

哈哈！

嘻嘻～

還說沒有！臉都紅了！

妳們幹嘛這樣啊！好啦一起玩木頭人嘛！我當鬼可以了吧！

嘻！小風是不是也喜歡我啊？

噗通

好吧！小風好像不討厭我的樣子，那就寫封信表達一下我的愛意好了！

嗯～

沙 沙

如

小風，這給妳！

這什麼？給我的嗎？

好害羞喔

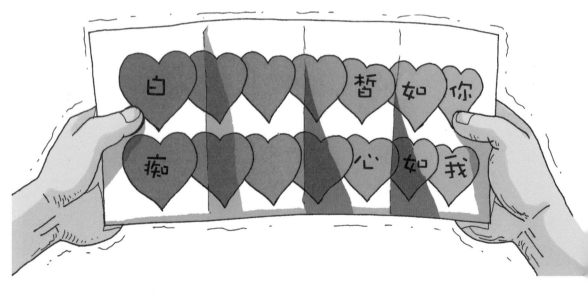

白　　皙如你

痴　　心如我

不知道你滿不滿意…

怎…怎麼了嗎？

嗚嗚嗚

碰！

你幹嘛把小風弄哭啊！

沒有啊！我只不過寫一封信給她而已…

??

信？

?

???

哈哈！你昨天生物課都在睡覺吧！

小風現在因為眼疾所以左眼看不到。如果用右眼來看左邊字的話，右邊字的成像會聚集在盲點上，所以就只會看到左邊寫著「白癡」兩個字啊！

啥…怎麼會這樣…

嘿嘿嘿

我是咖啡色的眼睛，而小兔子是紅色的！

虹膜是指在瞳孔周邊的環狀膜，有如窗簾似的分佈在瞳孔的周圍。虹膜是調節光量的器官，進行收縮與放鬆的同時也調節瞳孔的大小。同時虹膜受到交感神經與副交感神經的支配，交感神經如果受到刺激瞳孔就會放大。也就是說驚嚇時瞳孔會放大。但是虹膜是無法用人的意志來調節的，因為中腦會收縮和放鬆位在虹膜的瞳孔括約肌與散大肌來達到調節瞳孔的大小功能。

我的虹膜不含色素呦！

如果觀察虹膜的顏色，韓國人以咖啡色的居多，而白人則較多是藍色或灰色。藍色的瞳孔是因為虹膜的色素不足而呈現的顏色，但若色素完全缺乏則會直接顯現出血管的紅色。小白兔眼睛會呈現紅色也是因為虹膜沒有色素，而直接呈現出血管的紅色。

 ## 這只是常識而已～

殘忍的鱷魚也有悲傷的眼淚？

動物也會隨著情感而流下眼淚嗎？如果有看過狗或牛流淚的人應該會覺得很好奇。結論就是動物並不會隨著情感而落淚，乃是為了保護眼睛，而使眼睛呈現濕潤狀的生理作用，是眼睛的一種靈活運用而已。

但是鱷魚吃獵物的時候會邊哭邊流著透明又大的眼淚，有如同情或可憐它們而哭的。如果是那樣的話，鱷魚真的是因為悲傷而哭的嗎？根據學界的研究顯示，鱷魚在攝食時會將食物與海水一同吞入，流淚不過是為了排出體內多餘的鹽分，事實證明跟情感一點關係也沒有。

電影中的科學

連樓梯都下不去的透明人

電影<透明人（The Hollow Man）>是在描述美國政府請美國最屬害的科學家秘密地進行透明人實驗，最後終於成功的讓大猩猩變透明。對這實驗結果非常滿意的一個科學家違反政府的命令，對自己做了透明人的實驗。而這個變成透明人的科學家太著迷於透明人的神奇力量，漸漸地變成危險人物而對同事加害，因為這樣使得其他科學家只好與這恐怖的透明人進行正面的對抗。

所謂的「透明人」主題在1897年赫伯特‧喬治‧威爾斯（Harbert George Wells）的小說《透明人》出來後到現在已有許多電影上映。

有關透明人的許多故事中，最有名的論點是如同我們看不見透明人一樣，透明人也看不到我們。在電影中變成透明人的科學家說「因為沒有眼皮沒辦法好好睡覺」所以要求關上窗戶的台詞其實是有點過度誇張。

對於透明人來說下樓梯也是一件危險的事。我們有時會一邊聊天或看書的同時一邊下樓梯。這時大腦會將腳與階梯的位置在每一瞬間都精準地掌握住，且為了下一個腳步而計算肌肉的運動與關節的彎曲程度。但是透明人因為無法看到自己的腳，完全沒有腳與階梯間的距離感，所以會從樓梯滾下來是理所當然的。

可以用聲音把牆壁打破嗎？

冤枉啊～大人～

嗯？玻璃怎麼碎掉了？

是鬧鈴嗎？

嗚哇～

老師！

誰是你老師啊！我叫博士！

嗯

總之現在沒時間了。

快呀

跟剛剛做的一樣，用聲音可以把牆摧毀！

所有事物都擁有自己獨特的頻率，以易碎的玻璃為例，敲玻璃杯時所發出的聲音，是藉由玻璃的顫動順著空氣中從耳朵進來，我們就是用那聲音來辨別。

每個物體各自都有固定的頻率，但是如果引發了符合這固定頻率的波長的話，會產生空鳴現象而有可能使杯子破掉。

還說沒時間哩…

啊啊啊啊

頻率：單位時間內的振動次數

這裡有可以產生跟牆壁一樣頻率的擴聲器。來，這給你！

咻

祝你幸運啦！

匡噹

太好了!

看我的

給我音量開到最大!振動一圈又一圈的打破封閉之牆!

嗚啊啊啊

匡噹

啪

啪

咦?

啊~老師,讓我飛起來吧~

哲民啊!又要遲到了,還不快點給我起床!

啊啊啊啊啊啊

我的斗篷怎麼了?

耳朵，並不只是用來聽聲音而已

耳朵是用來聽聲音以及調整平衡感的感覺器官。人的耳朵只能聽得到頻率20～20,000 Hz之間的聲音。

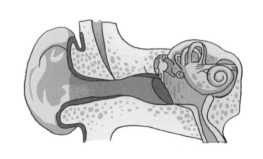

人的耳朵由外耳、中耳及內耳組成。外耳是由收集聲音的耳廓以及作為聲音通道的外耳道組成。外耳道的周圍除了毛與皮脂腺之外，還有個耳垢腺用來捕捉灰塵和細菌以形成耳垢。

外耳跟中耳之間有個由薄膜組成的鼓膜，當外耳傳遞音波時鼓膜會振動。接著此振動會傳到三小聽骨，並放大50倍後傳達到耳蝸。耳蝸裡有淋巴液和毛細胞。振動會引起淋巴的移動並刺激毛細胞，進而將聲音訊息轉換成神經脈衝，傳遞至腦，頭腦會分類那個信號是屬於哪一種聲音。

中耳有與喉嚨連結的歐氏管，其功能為平衡鼓膜兩邊的壓力，平常會呈現關閉狀態但吃東西或打哈欠時則會打開。在耳蝸上有三個圈圈組成半規管，用來感覺身體的旋轉，而半規管下方有兩個口袋組成前庭器官則用來調整平衡。

嘟嘟嘟…有如手機震動的聲音

振幅表示聲音的大小，聲波愈強聲音愈大，而振幅也愈大。振幅是指波動振動的幅度，因此幅度愈大，聲音會愈大。

所謂的頻率，是指聲波在一秒內所振動的次數。聲音震動的速度極其快，像是蝙蝠發出的唧唧聲每秒振動可達20萬下。頻率愈高，聲音也愈高，所以我們聽到蝙蝠所發出的聲音並非是咆哮聲而是唧唧聲。頻率以赫茲（Hz）為單位，且頻率愈高赫茲數也會變多。

音是指擁有一種頻率的聲音（大部分的聲音是由許多聲音混雜而成的）。用音叉在柔軟的表面亂打的話，可以製造出由一種頻率組成的音。

共鳴是指兩個聲波達到一樣頻率時，他們的能量會有加成作用。舉例來說，A物體的振動頻率與B物體的振動頻率相同，當A物體產生振動發出聲音，當聲音傳至B物體時，B物體也隨之振動發出聲音，此現象則稱為共鳴。

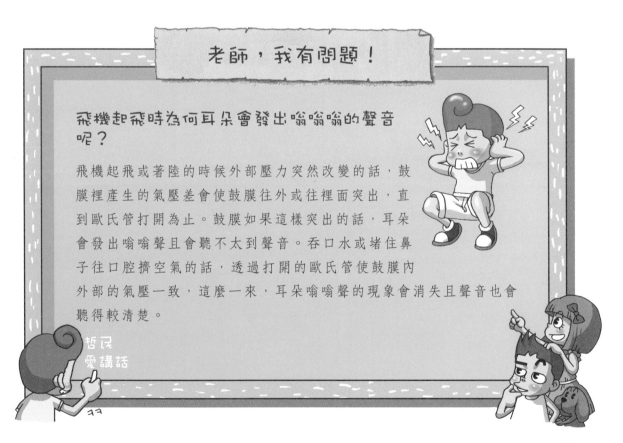

老師，我有問題！

飛機起飛時為何耳朵會發出嗡嗡嗡的聲音呢？

飛機起飛或著陸的時候外部壓力突然改變的話，鼓膜裡產生的氣壓差會使鼓膜往外或往裡面突出，直到歐氏管打開為止。鼓膜如果這樣突出的話，耳朵會發出嗡嗡聲且會聽不太到聲音。吞口水或堵住鼻子往口腔擠空氣的話，透過打開的歐氏管使鼓膜內外部的氣壓一致，這麼一來，耳朵嗡嗡聲的現象會消失且聲音也會聽得較清楚。

哲民
愛講話

教學實驗室　製作紙杯電話筒

人的耳朵是用來聽聲音且調節平衡感的器官。聽到聲音時，會從外耳傳送音波，接著鼓膜振動經過聽小骨後以變大50倍的聲音往耳蝸傳送，神經細胞受到刺激後再傳送到腦部去。

到底會躲在哪呢？

左顧右盼

被我抓到試試看！

！

繞來 繞去

會是這裡嗎？

偷瞄…

還沒有任何人出現，完畢！

偷看

這裡也是，完畢！

這些幼稚的傢伙居然在用紙話筒傳話！

很好…

嘿 嘿

既然那樣的話…

偷偷

摸摸

保羅・朗知萬（Paul Langevin, 1872~1946）

朗知萬出生於巴黎，為法國的物理學家。在1905年利用「居里定律」為理論基礎，發表了順磁性的古典理論因此聞名。朗知萬在1912年豪華的遊輪鐵達尼號撞上冰山而沉沒的事故發生後，致力於研究用音波發現藏匿的物體，最後在1915年發明了聲納（SONAR：Sound Navigation and Ranging，水中音波探測器）。

名為變化機的機器裡因為頻率過高，發出了我們耳朵所聽不見的聲音，這聲音撞上了失事船、魚群或潛水艇等的物體時會折返。變化器捕捉這樣返回的反射音（回音）並將它轉換成電氣信號，此時接收器可以推測反射音的強度及往返時間進而可以了解有什麼東西。

在私底下嘰嘰喳喳交談的聲音為多少分貝呢？

科學家們將聲音的大小（即為振幅）用「貝（bel）」以及「分貝（deci-Bel，簡稱為dB）」之單位來表示（1 bel＝10 dB）。貝是從發明電話的貝爾（Alexander Graham Bell）這名字取來的而聲音的大小需用標準音作比較，每

給我安靜！

哇哈哈哈～

增加3 dB聲音就會變大約兩倍，因此4 dB是比1 dB約大兩倍的聲音。

上課期間偶然掉在地上的餅乾袋子發出的聲音約為10 dB，是大家都察覺不到的小聲音。上課時跟坐在旁邊的同學講悄悄話的聲音為20～30 dB，跟朋友聊天的聲音為60 dB，整班學生一起吵鬧的聲音為75 dB，而老師高喊的聲音則是90 dB。130 dB以上的聲音是會使耳朵昏矇矇的噪音，它對健康是有害的。

 ## 電影中的科學

比圖書館還要安靜的宇宙

在電影＜星際大戰（Star Wars）＞裡，帝國的軍隊想要製造極其巨大的基地兼武器「死亡之星」時，反叛軍為了使它爆破而發動攻擊。在這戰爭場面裡，出現了各式各樣的音效，巨大的宇宙船加快速度飛出去時，發出了可怕的轟聲巨響。在宇宙中真的聽的到聲音嗎？還是說聽起來會不一樣呢？

聲音即是音波，為了使音波傳遞完成，必須要有傳遞音波的介質——如果沒有空氣的話聲音是無法被傳遞的，然而即使有空氣但密度低的話也無法成功傳遞。因此宇宙中因為沒有空氣，所以宇宙船飛出去的聲音、發射光線的聲音以及宇宙船爆破等的聲音是聽不到的。

8. 反射

我們身體的樣貌
刺激與反應

啊！愛情的靈丹妙藥

呵呵，原來被甩了！

誰阿？

哇～好漂亮的花

嗯～

請你不要多管閒事！

哼！

我可是有一個神奇秘方的說…

嘿

嘿

什麼？神奇秘方？

就是這個！

瞧

瞧

我可是有愛情治療師的稱號呢！

這是為了你而準備的花！

呆滯～

喔喔…我對花過敏也…沒關係啦！哈哈…太棒了！

喔…

哇嗚～這藥還真有效！

那朵花可以給我嗎？

一次給它用光好了！

嘿嘿嘿

你昨天不是說你討厭花嗎？！

你跟冠哲聊過天了是不是？！

哼！

我昨天跟他一起搭同一班公車呢！

碰 碰 碰

是地震嗎？

衝進來 碰！

冠哲！快接受我的心意吧！

怎麼會這樣啊！

衝阿

給我站住！！

特殊且敏感的細胞──神經元（neuron）

是否想過足球場上動作敏捷的球員如何操控他的肢體嗎？其過程包括三個部分，首先，透過感覺器官──眼睛看見滾動的球，此一訊息透過神經元傳到大腦，使大腦下達指令──追球，此信號再次透過神經元傳遞至運動器官──腿部肌肉，而形成一連串的動作，如快跑追球。

神經元是構成神經系統的基本單位，是用來傳導刺激的特殊細胞。神經元是由含細胞核的細胞體以及從此處延伸出來的突起所形成的。突起分為樹突及軸突，接收訊息的稱為樹突，傳遞訊息者則稱為軸突。

神經細胞分為感覺神經元、連絡神經元以及運動神經元這三種。感覺神經元負責將感覺受器裡接收到的刺激傳到腦與脊髓去，接著運動神經元將腦或脊髓的指令傳到肌肉等的感覺受器促使它產生反應。而連絡神經元則負責構成腦與脊髓且連結感覺神經元與運動神經元。人的神經系統是由中樞神經系統及末梢神經系統所組成，中樞神經系統由腦與脊髓組成，是調節各種反應促使其產生統一行為的神經系統中心；而末梢神經系統則由感覺神經與運動神經組成，如同網子似地散布在身體的各個部分。

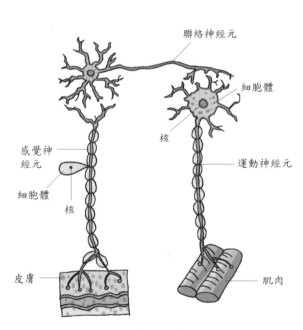

神經元的連結

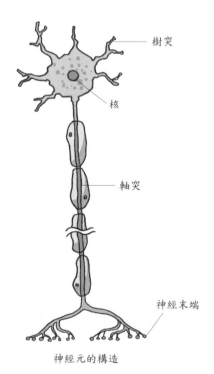

神經元的構造

腦包含了大腦、小腦、中腦、間腦及延腦，均由堅硬頭骨保護著。

大腦因為有縱貫前後的深溝而分成左右各兩半球，表面上有許多的皺摺。大腦皮質的功能區可分成感覺區（sensory area）、連絡區（association centre）以及運動區（motor area）。感覺區負責接收進入到視覺受器或聽覺受器等感覺受器裡的刺激；運動區負責在手臂或大腿的肌肉等的動器中下達運動指令；而連絡區則是負責推理、判斷、記憶、意志及感情等的複雜神經活動。刺激由感覺區報告後，接著連絡區會針對這個結果進行判斷和決定，再透過運動區傳達指令到動器，來產生反應以調節身體的狀態。

小腦在大腦後側的下部，小腦能調節身體的肌肉運動使其協調地進行，而且還具有維持姿勢的功能，如果小腦發生異常的話就無法維持平衡的姿勢了。

大腦的下部有間腦、中腦及延腦。間腦負責調節體溫且維持一定的體液成分；中腦負責調節瞳孔的與虹膜的活動；中腦與脊髓之間的延腦則負責調節跟生命延續有很大關係的呼吸運動、心臟搏動以及消化器官的活動。

脊髓上端與延腦相連，形如一條長粗索。感覺受器接收到的刺激可透過感覺神經進入脊髓，再將訊息傳至大腦；而腦的指令也可通過脊髓，並透過運動神經傳達至肌肉。此外，脊髓本身也能完成反射活動，如膝反射。

老師，我有問題！

腦死跟植物人是一樣的嗎？還是有所不同呢？

腦死指的是大腦、小腦及延腦有所損傷，呼吸因而停止且血液循環也發生障礙的狀態。如果使用人工呼吸器心臟會自行搏動，雖然可以存活兩個禮拜，但一旦拔掉人工呼吸器就會馬上死亡。相反地，植物人是大腦或小腦的機能麻痺的情形下，延腦的機能依然正常，在沒有特殊的狀況下，呼吸與心臟搏動都正常進行，所以可以活得很久。

 教學實驗室 了解膝蓋反射現象

唉！！

？

嗯？！老爺爺！

因為老爺爺的關係害我現在陷入危機了！到底在藥裡面放了什麼？

呼 呼

累死我⋯

嘿嘿

嘻嘻

我加入了會使女生喜歡上男生的物質——費洛蒙進去！

聽好啦

雄蛾可以覺察到雌蛾散發出極微量的費洛蒙，即使遠在10公里外的地方也能非常精確的飛向雌蛾。上次給你的藥就是加入了會使女生喜歡上你的費洛蒙，只要聞到那味道的女孩就會追著你不放了。

會痛

...

我試一下

鏘！

啊～～！

彈起

我的腿不自覺地自己抬了起來！

沒錯

摸到熱燙食物時

巨噹

還有聽到巨大聲響時也會有類似情形發生，這就叫作反射。

痛！應該要移動！

啊！

膝蓋反射是指刺激傳至脊髓後，不需經由大腦即可產生動作的現象，反應快速且跟意志無關。

是地震嗎？

這是…

沒時間了，喝下這個吧！

這又是…

什麼？

這名字叫作「跑跑跑，向前跑，跑到宇宙盡頭之無敵5號！」

哇哈！

謝謝您，老爺爺！

掰掰～沒啥好謝的！

你一個月期間都要不停的跑，因為我在瓶裡加入了膝蓋會不由自主地反射的藥進去了！！

老爺爺我恨你！

巴夫洛夫（Ivan Petrovich Pavlov,1849~1936）

巴夫洛夫為俄羅斯的生理學家，於1849年9月26日在梁贊（Ryazan）出生。巴夫洛夫使條件反射的概念得以發展而有名氣。他訓練狗聽到鈴聲就直覺聯想到有食物吃的情境，並且有唾液產生的反應。除此之外還強調條件現象的重要性，以及進行了人類的行為與神經系統有相關聯的研究。他在1904年以跟消化液有關的研究而得到諾貝爾生理學、醫學獎。

經驗累積下來的驚人反應——條件反射

條件反射為過去的經驗經過條件化後所發生的反射，其中樞即為大腦。巴夫洛夫從狗的實驗裡發現每當餵狗食物吃的時候，同時反覆發出鈴聲，觀察到不給食物光發出鈴聲也會使狗分泌唾液的事實。雖然原本鈴聲跟食物是不相關的，但在反覆好幾遍鈴聲的同時，狗腦中的鈴聲便能與食物之間形成某種因果關係，稱之為條件反射。

天生驚人的反應——反射

人類的行為可分為由大腦意識所產生的反應，以及無大腦意識所產生的反射。反射是脊髓或延腦為中樞所引起，可以在突發性的危險中保護人類。在反射發生的同時，脊髓也將此訊號傳到大腦，例如手摸到燙的東西會立刻縮回，並且感覺到「燙」，此感覺便是大腦的意識。

啊！好燙！

 ## 這只是常識而已～

愛情的有效期限為何？

1999年在美國康乃爾大學的人類行為研究所裡進行了男女間的愛情能延續多久的研究。研究團隊歷經2年對來自各種文化背景的5000名男女做訪問，調查「愛情的有效期限」。根據研究結果顯示，男女之間會讓心跳加速的情愫頂多撐個18到30個月後就會消失。哈贊教授主張，男女交往兩年後在大腦裡會產生抗體，不只會停止製造愛情的化學物質還反而消失，所以愛情會有所改變的現象是很自然的。愛情的化學物質？沒錯！也就是說，我們所感受到的愛其實是大腦分泌化學物質的影響，使男女間互相產生好感，而每個階段的愛情還會分泌不同的化學物質，這些化學物質是如何發揮作用的呢？

第一階段：在對方眼裡看起來特別有魅力——多巴胺（dopamine）

第二階段：陷入愛情的漩渦—— 苯乙胺（phenylethylamine）與催產素（oxytocin）

第三階段：對方再也感受不到彼此的珍貴——腦內啡（endorphin）

無論是什麼病，快找找能治癒的花吧！

唉呦~全身痠痛啊！

啟稟大人，臣下為許俊，敢問您身體有微恙嗎？

臣下為金正浩，請您趕緊起身吧！

對了！

昨天在夢裡山神好像說了些什麼…

嗯~

是什麼呢？

啊！對了！

啪！

只要把這花煮來喝，你的病就會痊癒了！是一朵男生跟女生被一塊紫布圍繞著的模樣的花。仔細地找找看吧~~

男生跟女生被一塊紫布圍繞著的模樣的花？

快給我找來！

咚！ 躺下

是，馬上出動！

立刻出發

衝~

嗯~

我們好像有點漫無目的地在找…

我也這樣覺得…

首先要對花的外貌研究一番。觀察一下它的構造你覺得如何呢？

但是大人的夢中出現的「1、紫色、男生跟女生」等線索又是什麼意思呢？

該不會「1」是指花瓣的數量，「紫色」是花瓣的顏色吧？但是「男生跟女生」代表什麼意思卻想不出來…

這麼說的話，似乎是要我們找花瓣只有1片，且為紫色，然後雌蕊跟雄蕊同在一朵的花囉！

啊！就是那個啦！

耶！

那麼我們趕快去找那種花吧！

衝一

 花的構造

花是植物的生殖器官，一朵花主要是由雌蕊、雄蕊、花瓣及花萼所組成。雌蕊分成柱頭、花柱以及子房三部分，而雄蕊則是由花藥和花絲組成，花藥是製造花粉的地方。花瓣圍繞住雌蕊與雄蕊並保護它們，而花萼則負責支撐且保護花瓣。

 是為了找什麼花而來的呢？

花的臉蛋即是花瓣，那我們一起來談談花瓣：合瓣花、離瓣花

依花瓣的外型可分為合瓣花與離瓣花，合瓣花如桂花、牽牛花，其花瓣基部合生呈筒狀，離瓣花如玫瑰花、百合花，其每一片花瓣都可單獨分開。

分開或是合體：單性花、兩性花

雖然大部分的動物為雌雄異體，但植物有不少雌蕊與雄蕊同時存在於一朵花的情形。然而也有些植物跟動物相似，會只開含雌蕊的花或只開含雄蕊的花。這樣只開雌蕊花或雄蕊花的情形稱之為單性花，相反地雌蕊與雄蕊出現在同一朵花中的情形則稱作兩性花。在單性花裡只含雌蕊的花稱為雌花，只含雄蕊的花則稱為雄花。單性花又可依據雄花與雌花是否在同一株植物上開花，還是分別在不同株開花而分類。雄花與雌花開在同一株植物的情形稱為雌雄同株，像是無花果、蕁麻、西瓜、栗子樹及白樺等即為例子。雄花與雌花分別開在不同株植物則稱為雌雄異株，例如銀杏樹、柳樹、桑樹、漆樹及白蠟樹等。縱觀以上分類方式，舉個例子更清楚明白，楓香為單性花且雌雄同株。

愛情使者：蟲媒花、風媒花、水媒花、鳥媒花

花依據授粉方法的不同分為蟲媒花、風媒花、水媒花以及鳥媒花。蟲媒花是利用昆蟲來幫助授粉，主要是由蜜蜂、蝴蝶、蛾及蒼蠅等來搬運花粉。蟲媒花一般來說花冠較大、顏色鮮豔且有香氣；風媒花是利用風來搬運花粉使其授粉，通常花冠較小且沒有香氣和蜜腺，而大部分的花粉小又輕且不黏膩容易隨風飄走，例

如：白樺、柳樹、赤楊、水稻等；鳥媒花是利用鳥將花粉搬運到雌蕊的柱頭上使其授粉，例如蜂鳥、太陽鳥及綠繡眼均為常見的媒介；而水媒花為利用水來搬運花粉以達成授粉，如金魚藻、拂尾藻、日本水馬齒還有苦草均為水媒花。

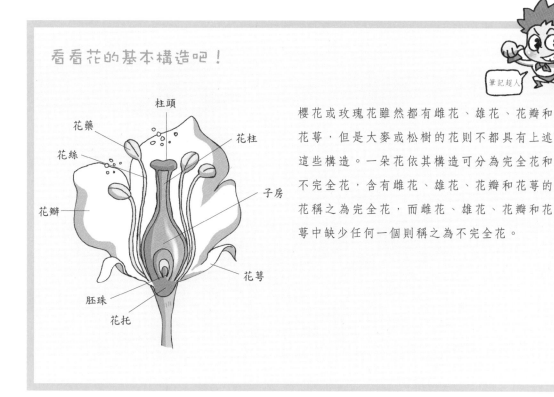

看看花的基本構造吧！

筆記超人

柱頭

花藥

花柱

花絲

子房

花瓣

花萼

胚珠

花托

櫻花或玫瑰花雖然都有雌花、雄花、花瓣和花萼，但是大麥或松樹的花則不都具有上述這些構造。一朵花依其構造可分為完全花和不完全花，含有雌花、雄花、花瓣和花萼的花稱之為完全花，而雌花、雄花、花瓣和花萼中缺少任何一個則稱之為不完全花。

教學實驗室 花的解剖

我們要找只有1個花瓣、紫色且雌蕊與雄蕊出現在同一朵的花。

沒想到都已經過了一年了！不知不覺都已經春天了…

唉

不管怎麼想，似乎根本沒有這種花啊！

不管怎麼找以紫色的花來說，只有堇菜與鳶尾花有相似的樣子…

嗯~

就是說啊！現在只好先回到宮裡再說了。況且也不知道大人的病情變得如何…

指

艷陽高照~

121

過了那山坡就是漢陽了!

先休息一下吧!

嗯?!

啊~真是想念我家那口子!她應該很喜歡這杜鵑花的。

蹦!

什麼!

哇~這花真是漂亮!這花也是紫色且花瓣有五片耶…

等等!這花雖然看起來有五片花瓣,事實上…

花兒盛開

它花瓣基部是連在一起的!

卡爾‧林奈（Carl von Linne, 1707~1778）

林奈為瑞典的植物學家，他在《自然系統（Systema Naturae）》首創將生物以二名法命名，將生物加以分類，他的發表為後來的學名制定奠定了基礎，使其能通用於全世界。

這只是常識而已～

所有的花都是可愛又香氣迷人的嗎？

屍花是指沒有葉子且莖部兼根部的組織會嵌在別的樹木上開花的寄生植物。開花雖然花了一個月以上的時間，但過了三到七天就會全枯萎掉，這種花雖然沒有花瓣，但有長得像花瓣的肉質性花萼會分裂成四到六條。阿諾爾特大花（Rafflesia arnoldii）的花會開個五到七天，直徑可達1公尺且重量可至11公斤，其為了引誘搬運花粉的蒼蠅而散發出難聞的氣味。花的顏色為大紅色或發出紫珠光的褐色還帶有斑紋，其分布在蘇門答臘、爪哇及菲律賓等熱帶和亞熱帶地區。

另一種會散發出腐敗肉味的花名為「巨花蒟蒻」（Amorphophallus titanum），這種植物會在海邊海鷗群居的地方開花。由於海邊有著死去的海鷗、魚的屍體、孵化不完全的蛋和排泄物等發出蛋白質腐敗味，這些難聞的氣味會引來大批的蒼蠅聚集於此，巨花蒟蒻也藉著散發出類似的味道好來引誘蒼蠅當作傳媒。

不是只要了解花就好了嗎？

◎穩固的地基－根部

根是往土裡延伸來支撐莖部，並將水或養分往上吸收的器官。有往土壤裡生長的根，也有往土壤表面生長的根，從土壤表面出來的根雖然跟莖很相似，但是因為沒有葉子及節所以容易區分。雙子葉植物與裸子植物通常一支較粗的主根，由此再分生出許多較細的支根。單子葉植物的根則是主根不發達，由許多小髮根所組成。儲存養分的根稱之為儲藏根，像是地瓜、紅蘿蔔及蘿蔔等。

◎堅固的棟樑－莖部

莖是用來支撐植物且使葉子、花及果實能附著的器官。莖不只是水與養分的移動通道，也能支持整株植物。莖會隨著植物的不同，樣貌也跟著變化，有像松樹一樣挺直的莖，也有像草莓或地瓜一樣往地面上爬的莖，更有像葡萄或喇叭花一樣的莖會盤繞其他植物或柱子。此外，有些植物的莖也能儲存養分，如洋蔥、馬鈴薯。

◎認真勤勉的勞工－葉子

葉子是附著在莖部周圍且進行光合作用的器官。葉子基本上是由葉身、葉脈、蜜腺、葉柄及托葉所形成的，但也有部分植物不都具有這些構造。葉柄連結了葉身與莖，而托葉用來保護幼芽。植物的葉片是行光合作用的主要場所，其作用能製造澱粉類的養分，並釋出氧氣。另外，植物行蒸散作用時，會將根部所吸收的水分輸送至葉片，透過氣孔使水分散失至空氣中。

◎遠遠地傳播開吧！－果實

果實是被子植物特有的生殖器官，是由開花授粉後的子房發育而來，其中包含種子。由子房變大形成的果實稱之為真果實，而子房之外的部分變大形成的果實則稱之為假果實。

哲民
愛講話

10. 光合作用與葉子

花
植物的構造與功能

植物都吃什麼長大呢？

在17世紀，人們認為植物只吃泥土而活。但是…

喂！你剛剛去了哪裡啊？

興高采烈

我昨天去買了小柳樹的種子，打算餵它吃好一點的泥土

剛去山裡裝了泥土回來喔！

我認為植物是不吃泥土的！

你這什麼意思？

搖搖晃晃

那麼植物都吃些什麼呢？

這個嘛…

嗯…

我覺得對於植物來說水比泥土還要來的重要！

晃動

真是沒道裡！從土裡長大的當然泥土最重要啊！如果說植物只喝水長大的話我就改姓！

要賭就賭大的！

真是個笨蛋！若不是這樣的話，那我就交出我的全部財產！

握緊拳頭

怒火中燒

好啊~要來比是不是！那我除了交出我的全部財產還兼當你的奴隸！

好啊~我也是！那麼5年期間我只澆水，你只給泥土，到時哪棵樹會活下來就等著瞧吧！

哼

互不相讓

哼！

咻

剛開始樹木重量為2.27公斤，泥土為90.72公斤

睡眼惺忪

葉子——看看外部，也看看內部

葉子主要是由葉身以及使葉身附著於莖上的葉柄所組成的，但是也有像玉蜀黍一樣沒有葉柄，而是以葉下部包裹且附著於莖部的例子。

分布在葉上的葉脈為葉上的維管束，雙子葉植物（有兩個子葉的植物－豆類、蒲公英、杜鵑花、玫瑰、櫻花樹等）為網狀脈；單子葉植物（只有一個子葉的植物－稻、大麥、小麥、玉蜀黍、小米等）則為平行脈。

葉子外層由上、下表皮包覆著，中間則為葉肉細胞，葉肉細胞含有葉綠體，靠近上表皮的葉肉細胞數量較多，靠近下表皮的葉肉細胞則相對稀少。另外，葉的表皮有氣孔，氣孔由兩個保衛細胞組成，下表皮比上表皮來得多，以避免陽光直接照射，使水分散失過快。透過這些氣孔，氧氣與二氧化碳也可以進出且水蒸氣得以蒸散出去。

網狀脈

平行脈

光合作用~感謝你~

　　植物只靠水是活不了的，植物必須透過光合作用來製造成長所需的碳水化合物。光合作用是指植物利用葉肉細胞中的葉綠素吸收光能，並以水和二氧化碳作為原料，合成澱粉加以儲存以及釋出氧氣的過程。澱粉不僅能提供植物生長時所需的能量，當動物取食植物後亦能提供其能量。

　　光合作用的場所位於葉肉細胞中的葉綠體，葉綠體為小顆粒狀，葉綠體內含有葉綠素，所以使得葉片看起來是綠色的。

教學實驗室　利用紙的色譜法觀察葉的色素

科學教室

哈囉~

嗨~

迅速放下

感動

喔耶！居然跟我喜歡的小風在同一組！

好，今天這實驗是要來了解植物葉子具有哪些色素。

注意~

準備的東西有濾紙、酒精、透明的玻璃瓶。

還有鉛筆、尺以及蠟燭。

酒精

1 將葉片放置於濾紙邊緣

在距離濾紙邊緣1.3公分的點上用鉛筆重覆搓揉劃記10次

唰唰唰～

2 直到濾紙周圍出現深綠色小點痕跡為止在葉片各處反覆搓揉劃記,

3 將濾紙用美工刀割成如同圖中所示的一樣

4 將濾紙彎曲部分的底端浸入裝有酒精的玻璃瓶內,注意!酒精的高度不能超過綠色小點。

5 接著不要亂動濾紙,放置個30分鐘

30分鐘

濾紙彎曲的部分放入酒精前,可以用蠟燭寫寫你想對你組員所說的一段話喔!

啪鏘!!

好～

大家聽我說！

尹恩豪斯（Jan Ingenhousz, 1730~1799）

尹恩豪斯出生於荷蘭的布列達（Breda），是醫生兼化學家，同時也是植物生理學家。

當時英國的化學家兼神學者的約瑟夫·卜利士力（Joseph Priestley）發現了某種植物會製造出一種特別的氣體－氧氣，但當時他並不知道那就是氧氣。對於植物製造出來的氣體有興趣的尹恩豪斯親自去做實驗，最後發現了植物會吸收二氧化碳並釋出氧氣的事實，並且這種作用只發生於日光照射下植物綠色的部位中。除此之外，他也發現了在黑暗的環境下，植物細胞會吸收氧氣且釋出二氧化碳的事實。

老師，我有問題！

橡樹是麻雀住的樹木嗎？

所謂的橡樹泛指屬於橡樹類的樹木。

在韓國常見的橡樹類樹木有六種，其中包括了麻櫟、蒙古櫟、槲樹、短柄枹櫟、栓皮櫟以及槲櫟等，這些樹木的名字來由非常有趣。麻櫟的取名是起因於古代時將它的果實製成涼粉承上到皇帝的飯桌（韓語中的飯桌與麻櫟諧音）；蒙古櫟是因草鞋的底部磨破可用這樹木的葉子來墊因而取的名字（韓語中的鞋子與蒙古櫟諧音）；槲樹是它的葉子長得像年糕般寬闊而取的名字（韓語中的年糕與槲樹諧音）；而短柄枹櫟是所有櫟木種類中葉子長得最小而取得的名字（韓語中的「小」與短柄枹櫟諧音）。

栓皮櫟是在製作瓶蓋等軟木製品時會用到的材料，而槲櫟的樹皮皺折則較深。

哲民愛講話

這只是常識而已～

它不是植物也不是動物呦！

很多人都會認為蕈類是植物，但其實這是錯誤的。蕈類與黴菌並不像植物一樣能利用水、無機鹽及陽光自行製造養分，它們必須寄生在動、植物上以吸取養分。因此蕈類與黴菌既非動物也非植物，而是被歸為菌物界。

你不是植物啦~

山中楓葉滿遍的原因是什麼呢？

　　每年一到了秋天，山就會換上花花綠綠的華麗衣裳，這正是因為有了可以增添秋天深沉韻味的丹楓來做陪襯。為何會有如此豔麗的紅將整座山頭裝扮的這麼美麗呢？

　　植物的葉子中含有多種色素，如葉綠素、葉黃素、胡蘿蔔素、花青素等，其中以可行光合作用製造養分的葉綠素含量最多，因此葉子呈現綠色。生長於溫帶地區的落葉樹種，一到了秋天便換上黃紅色的衣裳，這即是樹木開始準備過冬的信號。進入秋天後，葉片內的葉綠素含量會逐漸降低，而其他的色素如葉黃素、胡蘿蔔素則逐漸主宰了樹葉的顏色，導致葉片呈現黃色。此時為了因應日照時間的變化，落葉樹種會在葉柄基部產生離層，離層像是一層軟木層，會阻擋養分的運輸而堆積在葉部。葉片內醣類大量累積並經過陽光的作用下，逐漸生成紅色的花青素，到了深秋花青素不斷的增加，於是就形成了豔麗的紅葉。

11. 果實與種子

花
植物的構造與功能

把玻璃窗弄破的大豆？

老師～

我們來了～

好好好，趕快進來吧！因為你們說要來所以我準備了點東西！

現身

是什麼呢？

將！

啥？我想吃披薩的…

……

地瓜！一起烤來吃吧！

我聽說今天要在老師家烤地瓜耶！

驚

竊竊私語

喔！真的假的？那個比披薩跟炸雞還好吃？

咕嚕

聽說會有很多人去，看來沒辦法大吃特吃了…

悉悉窣窣

好可惜…

哈哈！別擔心~我有我們倆可以獨吞且大吃特吃的策略喔！

那是什麼？

那個就是…

指

嘻嘻

直接在火上烤出來的地瓜聽說比披薩還要好吃喔！

老師，我們也來了！

原來是你們這些遲到大王啊！不過特地還來家裡也是不錯啦！今天就玩個盡興再走吧！已經跟你們家裡通過電話了！

嘿嘿

哇~謝謝老師！

太棒了~

學生多來了幾位，我看得多拿一些地瓜過來了！

你們別玩火，我馬上就過去了！

好~

嘻嘻嘻

大家注意喔！這個如果跟大豆一起烤的話會很好吃喔！

真的假的？

所以我帶來了一些大豆來

咚咚咚咚

那我先去上個廁所囉！

我也要去…

這能吃嗎？

只要等一下下就好了！

偷瞄

喔！

什麼啊？這怎麼一回事？

嗯～

嗯？怎麼沒爆炸？

在等地瓜烤好的同時，你們先來這裡吃披薩吧！

唰唰唰

哇～

奇怪？不可能會這樣啊…

啵！

啊啊

救命啊～～～！

劈劈啪啪

準備長途旅行的果實和種子

花朵的子房受精發育後即為果實。果實是由種子與包住種子的果皮組成的，而果皮又分為外果皮、中果皮及內果皮。

種子由種皮、胚乳及胚組成。胚長大會變成

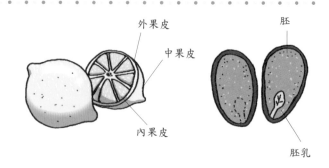

嫩芽、嫩莖及嫩根，而胚乳會在胚萌芽時提供所需要的養分。但有些植物如四季豆或栗子等植物雖然沒有胚乳，但具有子葉的構造亦能提供種子發芽時所需養分。

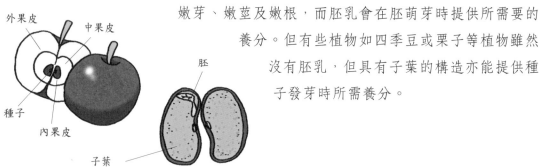

 ## 離開母親三萬里

植物在結出果實與種子後，為了不讓父母與子女在同個區域互相搶奪陽光與水分，會利用一些方法使種子傳播到遠處生長發育。

蒲公英種子有如一個容易隨風飄走的小降落傘，而柳樹的種子也被易於隨風飄盪的棉絮給包裹著，紫芒、法國梧桐、苦菜及蘆葦等的種子也會利用風來傳播。楓樹與松樹的種子因帶有翅膀，所以掉落下來時會像個小直昇機，一邊旋轉一邊掉落，且乘著風遠離父母到遙遠的一方去。大豆或鳳仙花的種子利用豆莢爆開的彈力讓種子飛到遙遠的地方去，其他如酢漿草或芝麻也是利用類似的方法。鬼針草、蒼耳、日本牛膝、牛蒡的果實則會附著在動物的毛上來協助傳播。

有些植物會利用果實的氣味與味道來引誘動物，如葡萄、蘋果及香瓜。這麼一來，動物吃下水果後，排便時會將種子及糞便一起排出體外，這時種子堅硬的外

皮會因為動物消化酵素的關係而變得柔軟，促使它更容易發芽，而種子外層有如肥料般的糞便包裹著，在發芽後也較容易取得養分。另外也有利用水流傳播的植物，如椰子樹的果實，我們常在海的沙灘看到它們的蹤跡。

蒲公英果實

柳樹種子

楓樹果實

松樹種子

椰子樹果實

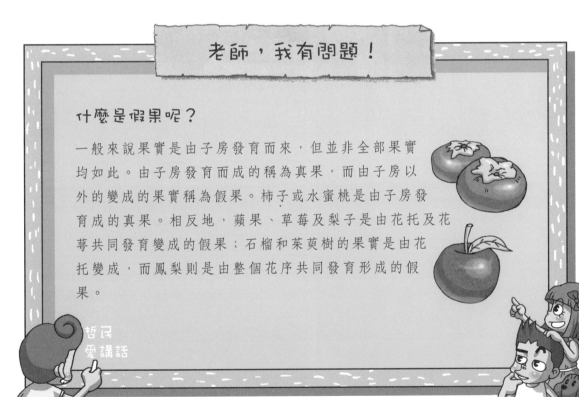

老師，我有問題！

什麼是假果呢？

一般來說果實是由子房發育而來，但並非全部果實均如此。由子房發育而成的稱為真果，而由子房以外的變成的果實稱為假果。柿子或水蜜桃是由子房發育成的真果。相反地，蘋果、草莓及梨子是由花托及花萼共同發育變成的假果；石榴和茱萸樹的果實是由花托變成，而鳳梨則是由整個花序共同發育形成的假果。

哲民
愛講話

教學實驗室　製作楓樹的種子

美熙，這真的可行嗎？

嘻嘻

那當然！

我們發明的東西可是比萊特兄弟所做的還要偉大呢！

將將！

搖滾種子滑翔翼！

那是什麼？

晃晃晃

……

你這笨蛋！這是利用楓樹種子會隨風飄盪的原理所製造的呢！

楓樹的種子若遇到風吹，可以飛到數十公尺的地方。

啊！植物的繁殖能力！

沒錯！這個只要利用高台處跟氣流就可以飛到遠處。

嗯~

真是劃時代之作！

喀擦

戴上~

從樹林裡獲得的啟發

　　瑞士的發明家喬治‧邁斯楚（George de Mestral）在1905年的某一天帶著狗要去獵捕兔子，那時他看到在森林裡跑來跑去的狗身上沾滿了山牛蒡的種子，這種種子利用細微的鉤子勾在狗毛上。這個發現觸動了邁斯楚的靈感，他花了八年的時間來研發，最後將尼龍纖維織成兩排，一排黏上細微的鉤子，另一排則黏上環孔。這新奇的產品叫作維可牢（Velcro），也就是我們常說的魔鬼氈，魔鬼氈用途廣泛，除日常生活上會用到外，也被應用於太空衣，或是用來固定太空器具等。

麥克克林塔（Barbara McClintock, 1902~1992）

麥克克林塔是美國的遺傳學家，在哈波特（Hartport）出生。她在玉蜀黍遺傳學方面做了各式各樣的研究，在1940年代提出了「跳躍基因」的主張，但並沒有引來世人的關注，直到1970年代，那些研究才得到肯定並獲得瑞典翰林院所頒發的生理學·醫學諾貝爾獎，此時的麥克克林塔已82歲。在生理學·醫學的領域上，她是第三位的女性獲獎人，同時也是第一個女性單獨獲獎人。

這只是常識而已～

種子的旅程

植物為了避免子代與親代共處一地互相爭奪陽光與水分，會盡可能的將種子散播到遠處，這過程常常會利用動物作為傳播的媒介。

「槲寄生」是一種會寄生於其他植物頂端的植物，它們為什麼能長在那麼高的地方呢？這是由於鳥兒的幫忙。槲寄生的果實具有膠質並會吸引鳥類前來，當鳥類啄食果實時會將種子擠出來，若塗抹在其他樹木的枝幹上，就幫它傳播了種子。

「菫菜」的種子具有大大的油質體，能吸引螞蟻前來將之搬入巢穴，當螞蟻將油質體啃食殆盡後，會將種子丟出巢穴外，種子藉此得以遠離母株，到其他地方生長，增加生存的機會。

「香瓜」的種子中含有一種會引起腹瀉的成分，當動物將果肉與種子一起吞下肚後，種子中的成分會使消化道加速蠕動，在其未被完全消化之前就被動物排出體外，因而達到傳播至遠處的目的。

我不是植物啦！

你想當什麼就當什麼，快去投胎吧！

嗯~那麼您辛苦啦！

想當什麼就當什麼！

令投胎！

天下第一的玉皇大帝為何對一個區區的小蘑菇這麼低聲下氣呢？

難道你不知道那個傳說嗎？

嗯？什麼傳說？

唔…

大概是最初造物主在做植物分類時所出的差錯吧？

嗯~

天庭

神堂 眾神集合的場所

當時玉皇大帝在做植物分類的打工

皇帝啊！九點之前把屬於植物類的生物資料送到上帝那邊去

就那裡…

造物主

九點之前要送到？好遠喔…

唉~

我看該扣點你的薪水了！

不爽~

造物主

我知道了！我快去快回！

但請把筋斗雲13號借給我！

咻~

13

蕈類是植物嗎？

　　蕈類只會在同一地方生活，且繁殖方法也跟植物的種子相似會用孢子來繁殖，所以一般人很容易會以為它是植物，但是蕈類與植物獲取養分的方式完全不同，而且在自然界中所

扮演的角色也不同。植物因為含有葉綠素故被稱作是綠色植物，其可利用二氧化碳和水作為原料來製造所需的養分，是自給自足的生物。然而蕈類無法自行製造養分，必須寄生於樹幹或腐木上以獲取養分，因此植物在自然界被稱作是製造有機物的「生產者」，而蕈類則扮演分解有機物使它回歸大自然的「分解者」，除了蕈類以外，黴菌和細菌也屬於分解者。

蕈類的構造

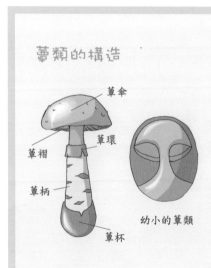

蕈傘
蕈環
蕈褶
蕈柄
蕈杯

幼小的蕈類

筆記超人

· 蕈傘：由薄的外皮和海綿質地的肉所組成。

· 蕈褶：扇狀的蕈褶最為常見，也有由管狀小孔組成的蕈褶。

· 蕈柄：蕈柄為支撐蕈傘的構造，有內部充滿肉質的蕈柄、中空的蕈柄，也有因為時間流逝由實心漸漸變成中空的蕈柄。

這只是常識而已～

顏色鮮艷的無毒蕈類

我們通常認為色彩艷麗的蕈類全都是毒蘑菇，然而並非如此，舉個例子來說，橙蓋鵝膏菌或部分紅菇科都是顏色亮麗卻是可食用的蕈類。

橙蓋鵝膏菌

紅菇科蕈類

顏色鮮艷的有毒蕈類

硫黃色靴耳

薑黃柄鵝膏菌

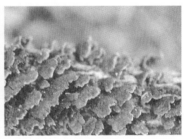

鱗皮扇菇

紫絲蓋傘

地鱗傘

緊縮花褶傘

鱗柄白鵝膏

 教學實驗室　製作孢子印

明天做實驗要用到蘑菇，每個人要到山裡去摘蘑菇回來。要小心那些顏色艷麗且有奇怪味道的毒蘑菇喔！

出發！

快看！

我摘到大的！

我摘到可愛的！

嘿～嘿

我摘到長的！

嗚哇～

從現在開始我們要來製作孢子印

大家都摘了蘑菇了吧？

讓我們先來了解一下蘑菇的構造！

咻
咻
咻

蘑菇的構造

蕈傘
蕈摺
蕈環
蕈柄
蕈杯

將將～

蘑菇具有跟植物完全不同的構造

在蕈傘裡的小顆粒稱作孢子

飄
飄

孢子在不同蘑菇上會有不同的顏色，可作為分辨蘑菇種類的其中一個方法。現在我們要來作孢印

呼

剁！

將蘑菇的蕈傘從蕈柄頂端切下來

24小時

把蕈傘放到紙上靜置個一天，孢子會掉到紙上

這時為了避免蕈傘或孢子飛走，要用碟子把它們蓋上，明天再來觀察。

隔一天

好，那麼現在要來看孢子印囉！

孢子重量非常輕即使是微風也會讓它飛走，大家打開前要注意！

還有為了避免孢子飛走，別忘了噴上黏著劑！

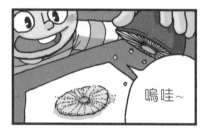

嗚哇～

我是黃色！

哇賽！我的孢子多到溢出來了！

哇賽

我的是藍色的耶！

嗚哇～

孢子既然這麼多應該要多噴一點吧！哈！

嘻

到處

別鬧了！

亂噴

嗚哇！！

哈哈哈哈！

哈哈…老師我笑不停啊！哈哈哈！

天哪！哲民你把傳說中的「褐黃色瘋子」給摘回來了！

嗯

居然連我也…哇哈哈哈

亞歷山大‧佛萊明
（Alexander Fleming, 1886~1955）

1928年的某一天，佛萊明在倫敦聖瑪莉（St. Mary）醫院的實驗室裡偶然發現一個培養皿中長了一種綠色的黴菌，而這種黴菌使得周圍的葡萄球菌均無法存活，只有在離黴菌團較遠的地方葡萄球菌才得以生長。之後佛萊明便埋首於青黴菌的研究中，並且發現青黴菌所分泌出的物質具有殺死細菌的功能，他將此種物質取名為「青黴素」（penicillin，又稱為盤尼西林）。然而，佛萊明在純化及濃縮青黴素的過程中遇到了一些困難，直到與英國牛津大學的病理學者佛羅利（Howard Walter Flory）及錢恩（Ernst Boris Chain）一起合作之下，成功開發出製作盤尼西林的錠劑且能夠大量生產的方法。這一研究就造福了人類，也讓佛萊明、佛羅利和錢恩共同獲得了1945年的諾貝爾生理醫學獎。

老師，我有問題！

孢子是蘑菇的種子嗎？

人們通常會認為孢子就是蘑菇的種子，那是因為孢子長得跟種子很像而且把蘑菇當作是植物的關係。也就是說，我們以為孢子等同於種子，如同種子發芽會變成植物一樣，孢子發芽應該也會變成蘑菇。然而，孢子跟種子具有完全不同的性質，植物的種子若發芽，就會長成樹木或草，接著開花結果，果實中的種子掉到地上後會再次變成植物。但是蘑菇的孢子萌芽後則不會馬上變成蘑菇，而是會長出菌絲，菌絲必須與不同交配型的菌絲互相靠近接觸，產生接合現象，並且等到適當的時機冒出土壤外，此時才能長成蘑菇。

哲民愛講話

太白山住著一個儒生跟他兒子

啊？

啊！

吃

突然昏倒不管吃什麼藥都沒效，這下子大事不妙了！

啊…好累又好睏喔！

年輕人，你有什麼事嗎？

蹦！

驚

是山神耶…

是這樣的，我的兒子生病了…啊！

碰！

驚

兒子生病了，作為父親的還給我在那邊玩！

我要先去睡個覺了，你挖挖看這底下吧！

蹦！

蹦！

這裡嗎？

在夢中挖了插有拐杖的地方，但這奇怪的蘑菇是…

爸！我現在已經完全康復了！

將！

復活！

喔喔…只不過是熬了蘑菇來吃而已！！

病完全康復的兒子努力用功讀書，考中科舉後而把這藥材取名為茯苓

爸爸～

13. 昆蟲的構造與分類 <small>小生物 我們四周的生物</small>

擾人的蚊子！

嗚哇~是露營~是露營耶~~

我第一次在外面過夜耶！

嘖！只是在學校而已嘛！一點都不好玩！

啊！

怎麼了？

好像被蚊子咬了，好癢喔！

好癢 好癢

仔細聽…

蚊子喜歡分泌較多女性荷爾蒙的人，所以才會咬你！

因為現在是夏天的關係，天氣又熱又濕，正是適合蚊子出來活動的時節，大家要小心被蚊子叮咬！

咳咳

…

…

我們來玩一下捉迷藏吧！晚上應該更好玩喔！

躍躍 欲試

晚上跑來跑去如果流了很多汗，蚊子會在15到20公尺外的地方就能察覺到汗液中的胺基酸跟乳酸成分而會朝著我們來。不要隨便亂跑才是上策！

喔…這樣啊…

破壞氣氛！

失望…

嗚哇~舒哲真是昆蟲小博士耶！又講了一個昆蟲小故事了！

討厭蜈蚣或蜘蛛之類的昆蟲，就什麼事都不能做了嗎？沒有避開那些東西的方法嗎？

蜈蚣、馬陸才不是昆蟲呢！

是屬於多足綱的生物才對！

…

嗡

嗡

煩耶！蚊子一直靠近我啦！

小咪，如果手亂揮的話蚊子會更靠近你喔！

停住

為什麼？

手揮動時所散發的熱

反而會指引蚊子飛向你蚊子是很喜歡熱的！

你們要像我一樣有點知識才行啊！我好睏先去睡囉~

……

六點往浴室出發囉！洗完澡再去睡覺知道嗎？

洗乾淨後大家早點睡喔！

好！

啊！好癢喔！蚊子為什麼都只咬我？

好癢 好癢

原來舒哲昨天沒洗澡就跑去睡覺啦！蚊子可是特別喜歡不洗澡的人喔！

哇哈哈

昆蟲的穿衣哲學

我們都覺得蟲子「是」昆蟲，但是蟲子不一定「都是」昆蟲，那麼所謂的昆蟲都擁有哪些特徵呢?

1. 昆蟲的身體分為頭、胸、腹部三部分。
2. 昆蟲擁有三對腳跟兩對翅膀。
3. 昆蟲的頭上有一對觸鬚跟一對複眼。

昆蟲大多生活在陸地及淡水地帶，但也有少數棲息於海水中。昆蟲有非常多的種類，舉凡是熱帶雨林、溫帶樹林、山野地區，就連極地的荒野、高山、沙漠、洞窟等地都有昆蟲的蹤跡。到目前為止所被記載的昆蟲種類有80多萬種，占了全體動物數量的六分之五。而且每天也都有新種昆蟲陸續被發現。

蜘蛛不是昆蟲？!

我們常把昆蟲叫作蟲子，但是如果通通叫作蟲子，那麼像是蜘蛛、蜈蚣、馬陸、潮蟲等小動物也會包含在內，其實不然。

蜘蛛並非是昆蟲，牠有四雙腳，沒有翅膀且身體只分成頭胸跟腹部兩部分。

蜈蚣或馬陸也都不屬於昆蟲，蜈蚣通常有300隻腳而馬陸則有200隻，且蜈蚣和馬陸依據種類的不同，腳的數量也會不同。另外，潮蟲也常被誤會為昆蟲，潮蟲一般生活於花盆底部等潮溼的地面，擁有7對腳且一遇到危險就會將身體蜷曲成圓形來自我保護。蜈蚣、馬陸、潮蟲屬於多足綱動物；而蜘蛛、昆蟲及多足綱動物在分類學上均屬於節肢動物。

我們都是節肢動物喔！

老師，我有問題！

為什麼昆蟲沒有血呢？

由於蜻蜓、蟬、蒼蠅等昆蟲不流紅色的血，所以我們會認為「昆蟲沒有血」但其實昆蟲也是有血液在體內流動的，只是昆蟲的血不是紅色，所以用肉眼很難辨識出來。

人類的血液之所以會呈現紅色是因為有紅血球，紅血球含有血紅素，因此能使血液呈現鮮紅色。昆蟲的血液稱為血淋巴，可運送營養物質及代謝廢物，不含紅血球及血紅素，因此不是紅色的。與人類血液功能不同的是，人類利用血液來運送氧氣，而昆蟲則是利用氣管系直接將氧氣運送至細胞，而非利用血淋巴運送氧氣。

什麼是蠶蛹？

吃桑葉長大的蠶在蛻變成蠶蛾之前會開始吐絲結繭，人們將蠶繭抽絲編製成為絲綢。在韓國，人們不僅養蠶製絲，蠶蛹也成為他們路邊的特色小吃之一。

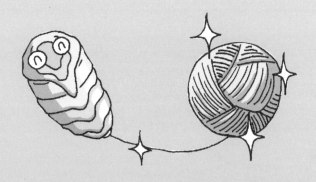

哲民
愛講話

教學實驗室　觀察果蠅

這次要做的實驗叫作－我的果蠅我的愛。所有的人都要把果蠅當作寵物一樣來飼養喔！

養果蠅

哇嗚~果蠅！

要準備的東西有1.5公升的塑膠保特瓶、絲襪和橡皮筋。

還要有香蕉才行。

1 只要把部分香蕉皮放入保特瓶中

拎

2 嗡嗡 嗡嗡

蓋子打開讓它放置個兩三天

3 每天觀察保特瓶若發現有5到10隻果蠅接近，就用絲襪蓋住封口並用橡皮筋綁住

NO!

4 經過4天後

5 緩慢 緩慢

觀察兩周會發現蛹，在那之後會有新的幼蟲誕生

咚！

抓

那麼大家現在也來試試看吧！

哇~真的有果蠅耶！

嘿嘿

嘿嘿

169

我的小果蠅怎麼看起來無精打采的？加油！打起精神來！

慢吞吞

叫你加油有沒有聽到！

一直盯著有點想睡耶…

昏昏欲睡

Z Z Z

呼~

驚醒

我的果蠅呢？

嘿 嘿 嘿

嗯？

看看它們是誰呢？嘻！看來我的青蛙滿喜歡果蠅的嘛！

哈 哈

啊~~~~不可以！

有些人容易被蚊子叮？

好幾個人聚在一起時特別有幾個人很容易被蚊子叮，這種人可以說是具備了蚊子喜歡的條件於一身。

大氣中二氧化碳的濃度約為0.03~0.04%，其中人類所呼出的二氧化碳濃度就佔了4~5%，蚊子的小顎鬚對於二氧化碳的偵測非常敏感，連0.01%濃度都偵測的到，因此蚊子能很快就察覺到有人存在的地方。除此之外，蚊子可在15~20公尺之外便能偵測到汗液中胺基酸或乳酸的成分，因此活力旺盛、體溫高的小朋友或容易有汗味的人，都容易招惹蚊子。其他像是身著深色系衣服如藍色、紫色和黑色，以及女性在排卵期時也容易受到蚊子的「關照」。

這只是常識而已～

不想被蚊子叮的話該怎麼做才好呢？

蚊子喜歡溫暖潮溼的環境和體溫高的人體，因此夏天裡常常洗澡把汗味去除並降低體溫可減少蚊子的搔擾。還有通常蚊子在耳邊嗡嗡叫時我們會揮動手臂趕走它們，但甩動手臂時所散發出來的熱更會使蚊子聚集過來。蚊子吸完血後身體會變重所以它們會停在最近的牆壁上休息，且會以尿液的形式排出體內多餘的水分來使身體變輕，接著再移動到別處，因此盡可能地離牆遠一點，而且睡衣也盡量挑較淺的顏色穿。另外窗戶的紗窗要留意有無破洞，因為就算只有1cm的空隙對蚊子來說也算是個敞開的大門。

石宙明（석주명，1908~1950）

石宙明在韓國平壤出生，是韓國的博物學家，從日本鹿兒島高等農民學校畢業後回到韓國，一邊在開城擔任老師的同時，一邊收集蝴蝶標本跟美國博物館的昆蟲標本做交換。在1940年出版了《蝶類目錄》，也成為了美國鱗翅類學會的會員。1943年後他有兩年的時間在慶星大學附屬的生藥研究所濟州島實驗場裡工作，一有空就研究濟州島的方言，回到開城後更認真研究且整理出版了《濟州島方言集》一書。他也寫了100多篇有關蝴蝶的研究論文，其中「紋白蝶的遷徙路徑」在生物分類學及測定學上被肯定為耀眼的成就。

電影中的科學

昆蟲的進化與擬態

在電影＜秘密客（Mimic）＞中為了杜絕蟑螂所攜帶的傳染病，結合了螳螂跟白蟻的基因製造出叫作「猶大種」的新物種，不料卻轉變成怪物而攻擊人類。「猶大種」一開始以類似蟑螂的生物登場，到了電影後半段時幾乎進化成跟人類相似的程度。電影中的科學家以此來說明這是昆蟲的進化，並提到「昆蟲進化的同時會一邊仿效天敵」。但是所謂的進化，需經過很久一段時間且伴隨隨機的突變才會發生的現象。

電影中說明了有關急速進化的怪物，並不是以時間的變化來顯示其進化的速度，而是以世代數的快速增加來表現。「猶大種」的新陳代謝非常快速且能在短時間內製造出許多世代，所以稱之它為進化。電影裡的科學家說「猶大種漸漸長得像人類的同時，還想在人類世界中創造屬於它們自己的軍隊」，這說法是指猶大種這新物種從一剛開始就以這目的來進化，跟我們一般所指的進化完全不同，一般所指的進化是隨機發生的。

從電影的名稱＜秘密客（Mimic）＞中可了解到如猶大種的昆蟲行為並非是進化而是「擬態（Mimicy）」。所謂的擬態是指昆蟲會將自己裝扮成比自身強大並造成威脅的生物，藉以保護自己。

弱肉強食的世界

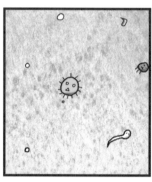

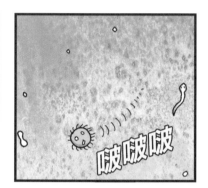

唰

唰

環環相扣的生態系

生態系是由生物因子及非生物因子共同組成，生物因子包括各式有生命的物種，非生物因子則包括陽光、空氣、水、土壤等，兩者之間會形成交互作用以維持系統的平衡。依照生態系中生物所扮演的角色，可將生物分為生產者、消費者和分解者。生產者能將自然環境中的無機物轉變為有機物，例如植物利用太陽能將水、二氧化碳合成醣類。消費者是直接或間接地以生產者為食物的生物，例如植物會變成草食動物的食物，草食動物會被肉食性動物捕食，而肉食性動物又會被更大型的肉食性動物捕食，這些草食及肉食性動物均屬於消費者。分解者是指能夠分解動、植物屍體將有機物轉化為無機物供生產者再利用的生物，例如細菌、黴菌及蕈類。

在這捕食與被捕食的關係中，物質從無機物變成有機物，再從有機物變成無機物的過程中，說明了能量會隨著食物鏈而在生態系裡循環流轉。

食物鏈——捕食與被捕食的關係

食物鏈這個詞是英國的動物學家埃爾頓（Charles Sutherland Elton）於1927年首次提出。

在毛皮公司上班的埃爾頓在調查北極狐的毛皮數時，發現北極狐的數量以每四年為一個週期而有所改變，後來他才發現北極狐的主食——旅鼠的個體數也是每

四年就會有明顯的變化，因此意識到北極狐的數量是隨著旅鼠數量的波動而波動。

　　生活於北極地區草原上的旅鼠，在四年為一週期的期間內會急速增加，如果數量過多就會開始集體遷移，奔赴大海而溺死海中。當草量旺盛旅鼠數量增加時，北極狐數量亦會大增，當旅鼠數量減少時，北極狐的數量也會跟著減少，這種現象以四年為一週期反覆的發生著。

　　埃爾頓持續在這領域做研究，對於食物鏈方面作出了很大的貢獻。

這只是常識而已～

食物金字塔

依照食物鏈的階層，最底層為生產者，接著往上──放入初級、次級、第三級消費者，以此製成圖表會發現底層的生產者如植物數量很多，越是往上個體數量就越少，形狀像是一個金字塔。根據食物鏈階層變化來表示生物數量的稱之為食物金字塔。越在金字塔底端的生物，數量要夠多才可維持生物全體的食物關係。也就是身為生產者的植物數量要多才可以讓以植物維生的初級消費者存活下去，而初級消費者越多次級消費者數量才會增加。同樣地，次級消費者數量夠多才會使三級消費者量跟著變多。

舉個例子來說，如果森林裡的植物數量突然減少，以植物維生的初級消費者蚱蜢的數量也會減少，蚱蜢數量若減少，以捕食蚱蜢維生的青蛙（次級消費者）數量也會跟著減少，當然青蛙數量減少，三級消費者的蛇就會自然而然地減少。

 教學實驗室 製作食物鏈

喔耶~放假了!

喔?是小風跟小咪耶…

臉紅心跳~

對了!暑假作業要做食物鏈耶!好像有點難…

?

咦

怎麼辦?我光是在旁邊看著蟲子都快要昏倒了!

如果做別的可能還好,但這個如果誰能幫我做就好了…

真擔心~

我也是~

如果誰能幫我做就好了…

太好了!趁這次機會!

為了小風來做做看食物鏈好了!

汪汪

1

把兩個PET塑膠瓶跟圖中一樣割下來

用力割　認真

2

在蓋子上穿一個2~4mm的洞,然後在C部分穿幾個空氣孔

啵

3

把水份供給的設備如圖這樣做好後,把它插到A部分的邊邊。

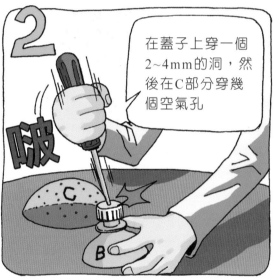

4

如圖一樣把它裝好。

蓋起

這似乎比其他實驗還要難耶…

接著放入泥土、植物還有果蠅。

最後在D跟B之間放入水果…

沒有水果耶…不知道還有什麼是果蠅喜歡的…

吸吸

嗯？這什麼味道？

忠植！你居然給我在那邊大便！

可惡！

大便？那麼不要果蠅用蒼蠅的話？

叮！

哈哈哈！終於完成了！

臭氣

熏天

趕快拿給小風瞧瞧！

奔！

請問哪位?

我是聖閔啦!

喔?你怎麼來了?

我剛好做了兩個想說給你一個,我看妳好像很討厭蟲子所以…

探頭

103

啪

搭

…

哇嗚~真的嗎?謝謝~

喔?

滑落

嗡

嗡

嗡

嗡嗡

嗚啊啊啊啊

嘎嘎

嘎嘎

微型地球——生物圈2號（Biosphere 2）

1991年到1993年間在美國亞利桑納州（Arizona）的奧洛克城（Oracle）裡進行了生物圈2號的實驗。它是一個人工建造模擬地球生態環境的封閉實驗場，是一座圓頂形鋼架結構的玻璃建築，建造的目的是想要了解這實驗是否能夠正常自行運轉。此人工生態系禁止跟外部有物質交流，完全呈現自給自足的狀態。為了了解在此人工生態系裡人類是否能夠正常生活，派了八名科學家在這裡居住。

在這小小的生態系裡所有物質，即使是一點點也不能丟掉或浪費且必須落實完整的循環。舉個例子來說，人類呼出的二氧化碳被植物吸收後，經過光合作用轉換成氧氣，接著再次被人類吸入。將蒸發的水淨化後可以作為飲水與生活用水。植物會被動物攝取，動物如果死了會被微生物分解再次成為植物的養分。此外，太陽能（太陽光）則提供了維持生態系光合作用所需要的動力。生物圈2號雖然與外界隔絕，但可以透過電力傳輸、電信與外部聯繫。儘管如此，這實驗最終還是失敗了，這八名科學家雖然平安存活下來，但在實驗期間反反覆覆受了不少苦。

首先，內部的二氧化碳濃度增高，氧氣濃度降低，經過兩次從外部提供氧氣的援助，科學家們還是飽受慢性缺氧症的煎熬，最後出現了低血壓的症狀。為了適應低氧的環境，科學家們減少活動量且只能攝取低脂、低卡路里的飲食。後來發現氧氣不足的原因是由於土壤中的細菌消耗了大量氧氣的關係。

有如諾亞方舟一樣，生物圈2號飼養了各式各樣的動物。其中雞存活的情形非常良好，提供了科學家們高營養的雞蛋，然而，大部分的動物都活不久，可說是全軍覆沒，反倒是擁有高生命力的蟑螂仍可大量繁殖。

瑞秋‧卡森（Rachel L. Carson, 1907~1964）

卡森是美國的生物學家兼作家，也是環境保護主義者，她因為受到母親的影響而喜歡寫作。進入賓州（Pennsylvania）女子大學就讀後，原本想要讀英文系的她聽了史金格（Mary Scott Skinker）教授的講課後決定要轉系。當時的美國社會認為女性不適合科學研究，但透過史金格教授的幫忙卡森十分順利地讀完研究所。

之後卡森在美國聯邦漁業局擔任研究員，她也成為那地方唯一的女性研究員，並在期間出版了有關海洋生態的《海風下（Under the Sea-Wind）》一書。卡森在1947前走遍了美國東西兩岸的諸多保育區，透過實地勘察，她出版了12本行動保育系列的手冊因而廣受好評。

1955年出版的《海之濱（The Edge of the Sea）》不僅具有生態學的概念，也帶出尊重生命的態度，她因為這本書的關係比以前獲得更多獎項，還因此得到了「為大眾付出的科學家」的別名。

卡森最有名的書《寂靜的春天（Silent Spring）》，此書是將她的究理精神、科學知識以及文學才華集於一身的經典之作。這本書生動地描寫第二次世界大戰結束時，美國使用的DDT會如何透過食物鏈導致雲雀消聲匿跡，換來的只剩「寂靜的春天」。1962年這本書一出版不僅吸引了全世界的關注，也拓展了有關有毒物質弊害的調查行動，並喚醒了美國的環保意識，促成美國環保署成立並訂定相關法規。

185

由我來阻擋溫室效應吧！

現在是晚間新聞。

大氣汙染的主謀——汽車排放氣體

會使溫室效應惡化的研究結果出爐了。

車子數量漸漸變多只會造成環境繼續惡化耶！難道沒有能夠減少我車子排放氣體的方法嗎？

嗯…

唉～

唉～

將！

對了！

我打算來解決我老爺車的氣體排放問題！

爸爸，我會在旁邊幫你加油的！

哇～

好，那麼該來準備一下工具了！

利用空氣清淨機做成的環保車！

這麼一來搞不好可以登上發明界之神…

怎麼會這樣…是因為電力的問題嗎？

…

可惡！我絕不放棄！

爸爸，加油！

鏗鏗　鏘鏘

鏗鏗　鏘鏘

呼~終於好了！

將將！

兒子啊！你看爸爸我終於完成了環保車！

這是經過兩次改裝後的完成品！哈哈哈！

爸，只要有這個的話應該就行了吧？

東摸西摸

！

？

啊！找到了！

將將！

賀 恭喜抽中環保車一臺

爸~你看！

我們兒子比爸爸還優秀呢！走，進去吃飯吧！

哈哈哈…

189

什麼是環境？

環境指的是周圍所在的條件，舉凡陽光、水、風、土壤、動物、植物及人類製造的建築物、道路等都是環境。人類便是生活於地球的自然環境中，且環境跟人之間會互相影響。

 ## 環境正在惡化

空氣汙染

所謂的空氣汙染是指人類產業活動製造出來的物質使空氣遭受汙染。汙染的原因很多，例如火山爆發、森林大火及沙塵暴等自然現象也會汙染空氣，但是比起這樣的自然現象，我們製造出來的汽車排放氣體、工廠排出的黑煙、煤炭跟石油等能源的使用才是空氣汙染的真正元兇。

河川汙染

家用廢水包含了洗衣服、洗碗所排出的汙水，以及浴廁所使用過的水。這些水常常含有如洗衣精等除汙劑所產生的泡沫，會阻絕空氣中的氧進入水體，並且合成的除汙劑不易被分解，會長時間停留在環境裡造成汙染。另外，畜牧業及工廠廢水的排放也是造成河川汙染的重要原因。

土壤汙染

土壤本身具有自淨的能力，但是這種自淨能力是有限的，如果當超過土壤負荷能力的有害物質進入土壤，就會導致它的自淨能力衰退甚至喪失，造成土壤汙染。土壤汙染的原因包含農業肥料、工業廢水、廢棄汙泥和一般廢棄物等。

海洋汙染

海洋汙染是指因人類活動而直接或間接流入海洋中的物質或能源，這些可能對生物資源、人體健康及水產業活動造成影響。海洋汙染的來源包括從陸地流入海洋的汙染物、船隻漏油，或是火力發電和核能電廠所排放出的廢熱以及隨之而來的放射性汙染，這些對於海洋均會造成危害。此外，大氣中懸浮的汙染物會跟雨水一起落在海洋裡，或是經過地面逕流到海水中，於是海洋就成為了廢棄物的集合場所。

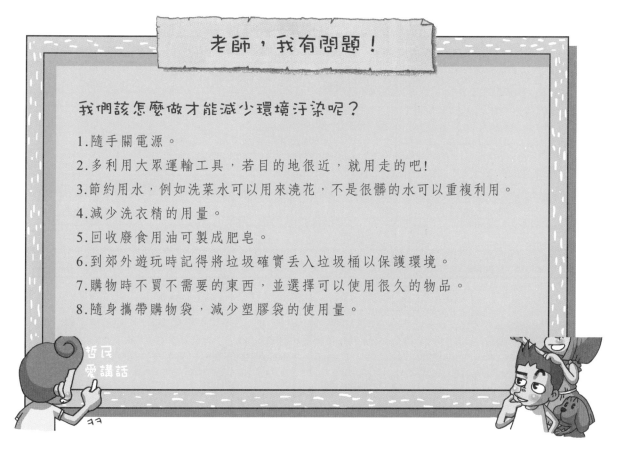

老師，我有問題！

我們該怎麼做才能減少環境汙染呢？

1. 隨手關電源。
2. 多利用大眾運輸工具，若目的地很近，就用走的吧！
3. 節約用水，例如洗菜水可以用來澆花，不是很髒的水可以重複利用。
4. 減少洗衣精的用量。
5. 回收廢食用油可製成肥皂。
6. 到郊外遊玩時記得將垃圾確實丟入垃圾桶以保護環境。
7. 購物時不買不需要的東西，並選擇可以使用很久的物品。
8. 隨身攜帶購物袋，減少塑膠袋的使用量。

教學實驗室　觀察洗衣精造成的水質汙染

天哪！好髒喔！

呱呱

我們澎澎該洗澡了！

啊！

驚嚇

給我過來！

噠噠噠

呱！

要洗得乾淨一點，這樣才會漂亮！

洗刷刷

呱！

呱！

洗好了！

亮晶晶

閃亮亮

洗乾淨了是不是該出去走走呢？

興奮雀躍

驚！

來到外頭真是心曠神怡耶！

嗯～

才怪～

你說是不是啊？

是澎澎的朋友們耶！

澎澎，快去跟朋友玩啊！

快點！

嘎嘎嘎

哎呀！

推

噗通

噗通

啪啪啪

嗯？澎澎不會游泳耶…

？

喔？

喔？小咪來公園散步啊！

老師，我幫澎澎洗過澡了但牠卻無法浮在水上耶！

嗯～

應該是你把牠羽毛的油脂都給洗掉了

老師，你說油脂嗎？

我舉個例子來給你聽

啪搭

啪搭

1

要準備的有玻璃瓶跟食用油，

還有洗衣粉跟茶匙。

2

在瓶裡裝水後放入一茶匙的油，然後好好地觀察水的表面。

3

×2

接著在水的表面加入2匙的洗衣粉後輕輕的搖勻它。注意不要讓它起泡沫！

4

最後好好地觀察水表面會有什麼現象呢？

水跟油混合在一起了！

啊哈！

沒錯！洗衣精跟肥皂雖然可以洗淨我們的衣服，但人類用很多洗衣精或肥皂，就會導致某些鳥類羽毛上的油脂漸漸消失。

油

H_2O

超級洗衣精

那麼澎澎是永遠都不能游泳了嗎？

怎麼辦？現在也無法跟朋友一起玩了！

抱緊

後悔

倒是沒那麼嚴重。在羽毛上塗上油就好了！

澎澎好久沒出來走走了，還很巧見到朋友⋯啊！

要窒息了！

老師，謝謝！我想到一個好點子了！

輕快步伐

這樣啊！小心點啊！

緊抓

我們趕快塗一塗油之後出去走走吧！

麻油

是打算要把我吃掉嗎？

地球會因溫室效應而變溫暖，這是件好事嗎？

　　地球大氣中含有水蒸氣、二氧化碳以及臭氧，這些氣體能吸收或反射地表所釋放的熱能，以維持地表的溫度不至於太過冰冷，使之適合人類生存，這稱為自然的溫室效應，而這些氣體則稱為溫室氣體。

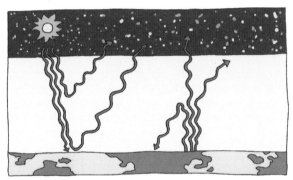

　　由於近年來溫室氣體急速增加，過多的熱能存在於地表，導致地球的平均溫度漸漸上升，使我們面臨了全球暖化的危機。你可能會問：全球暖化的現象持續下去會有什麼影響嗎？沒有了冬天且一直保持暖和的天氣不是很好嗎？

　　答案並不是這種現象會造成冰河快速融化海平面上升，長時間下來會發生氣候的變遷。有些地區會變得更熱而有些地區會變得更冷，這會使地域性的自然災害一再發生。

減少地球暖化的方法

· 實踐能源與資源的節約。
· 減少化石燃料的使用且多利用太陽能及風力等能源。
· 多種植樹木。

筆記超人

綠色和平組織（Greenpeace）

· 國際性的環境保護團體
· 成立年度：1971年
· 成立目的：反對核實驗及倡導生態保護運動
· 主要活動：反對興建核能電廠、排放放射性廢水到海洋的抵制運動、
  保護動物、基因改造食品等議題
· 加入國家：40個會員國
· 本部所在地：荷蘭（Netherlands）的阿姆斯特丹（Amsterdam）

綠色和平組織是1971年在加拿大（Canada）溫哥華（Vancouver）的港口由12名環境保護運動專家聚集成立的國際環境保護團體。原本名稱的意義建立於阻止核實驗——「請不要引起風波」的口號上，但這些專家為了展開反對核實驗的示威運動而前往美國阿拉斯加（Alaska）的安奇卡島（Amchitka），他們在船中央掛起印有
「綠色和平」字樣的綠色旗幟，因而成為了此團體的名稱。

綠色和平組織中除了鯨魚保護團體很有名之外，也進行反對核能發電、抵制往海洋排放廢水運動等廣泛的活動。1979年綠色和平組織在五個國家中設有分會，到了1992年增加到24個國家，同年在巴西里約熱內盧（Rio De- Janeiro）舉辦的聯合地球高峰會上獲得了全球的關注，也將分會擴張到世界各地。

經典永恆・名著常在

五十週年的獻禮——經典名著文庫

五南，五十年了，半個世紀，人生旅程的一大半，走過來了。

思索著，邁向百年的未來歷程，能為知識界、文化學術界作些什麼？

在速食文化的生態下，有什麼值得讓人雋永品味的？

歷代經典・當今名著，經過時間的洗禮，千錘百鍊，流傳至今，光芒耀人；

不僅使我們能領悟前人的智慧，同時也增深加廣我們思考的深度與視野。

我們決心投入巨資，有計畫的系統梳選，成立「經典名著文庫」，

希望收入古今中外思想性的、充滿睿智與獨見的經典、名著。

這是一項理想性的、永續性的巨大出版工程。

不在意讀者的眾寡，只考慮它的學術價值，力求完整展現先哲思想的軌跡；

為知識界開啟一片智慧之窗，營造一座百花綻放的世界文明公園，

任君遨遊、取菁吸蜜、嘉惠學子！